Einbandgestaltung: Luis dos Santos

Bildnachweis: siehe Seite 189

ISBN: 978-3-613-04453-1

1. Auflage 2022

Sie finden uns im Internet unter www.motorbuch-verlag.de

Lektorat: Joachim Kuch
Innengestaltung: Gold Rose Publishing Ltd., 70188 Stuttgart
Druck und Bindung: Conzella, 85609 Aschheim-Dornach
Printed in Germany

GEHEIMPROJEKTE DES HEERES

1939–1945

Stefan Büttner / Martin Kaule / Klaus Mebus

Motor buch Verlag

INHALT

04:19

MUZEUM

Versuch im

Kapitel 1

VORWORT

Die Rüstungs-Restriktionen,
die dem Deutschen Reich durch die Versailler Verträge nach Ende des Ersten Weltkrieges zur Weiterentwicklung des gesamten militärischen Komplexes auferlegt wurden, stellten die Führung des Landes vor besondere Probleme.

Auf der einen Seite wurde nicht nur die Anzahl der unter Waffen stehenden Soldaten und Offiziere der Reichswehr auf 100.000 Mann begrenzt, sondern auch die Entwicklung der neuen Waffengattungen wie die der Panzertruppe oder die der Fliegertruppe, die sich im Verlauf des Ersten Weltkrieges schlagartig weiterentwickelt hatten, stark eingeschränkt oder verboten.

Das Verbot zum Aufbau und Unterhalt einer Luftstreitkraft und die Entwicklung von Panzern führte ab den 1920er-Jahren zu vielfältigen Umgehungen des Verbotes. Teilweise erfolgte eine Zusammenarbeit mit Staaten wie der Sowjetunion oder eine Entwicklung fand vollends im Geheimen oder durch eine Verschleierung statt.

In den 1930-er Jahren forcierte die nationalsozialistische Regierung die vollständige Revision der Versailler Restriktionen. Der propagierte technologische Aufschwung im Land stellte nun vollends die Weichen nicht nur zu einer Modernisierung der Industrie, um den Wohlstand der Zivilbevölkerung zu erhöhen, sondern diente der Vorbereitung auf neue militärische Auseinandersetzungen. Die »Schmach von Versailles« und ihre Folgen sollten schnellstmöglich getilgt werden.

Der Verlauf des von deutschen Truppen im Herbst 1939 begonnenen Krieges bedingte verstärkte Anstrengungen beim technischen Fortschritt. Nachdem die deutschen Land- und Seestreitkräfte nach den anfänglichen Erfolgen einer schnellen motorisierten militärischen Intervention in West-, Nord- und Südeuropa zahlreiche Länder besetzen, kamen die Fronten in Osteuropa wenige Monate nach dem Angriff auf die Sowjetunion im Juni 1941 zum Erliegen. Neben den neuartigen Flugzeugtypen der Luftwaffe sollten schwere Panzer, Raketen und weitere Fernwaffen das sich abzeichnende Schicksal abwenden. Doch durch die zunehmenden Bombardierungen der deutschen Städte, von Verkehrsknoten oder von Rüstungsstandorten durch die alliierten Luftstreitkräfte gerieten nicht nur die Forschungszentren in Gefahr. Der gesamte militärische Rüstungskomplex musste in kürzester Zeit umstrukturiert werden. Neben einer Dezentralisierung in Regionen, die gar nicht oder seltener von alliierten Luftangriffen bedroht waren, blieb vielfach eine Verlagerung der Werke in den bombensicheren Untergrund oder der Bau von riesigen Bunkern übrig. Der Aufbau dieser unterirdischen Rüstungsanlagen als auch ein späterer Betrieb war nur durch gewaltige Anstrengungen und einen schonungslosen Einsatz von KZ-Häftlingen und Kriegsgefangenen möglich. Doch auch diese Vorhaben führten nicht zum erhofften Sieg, sondern brachten weiteres Leid und Elend. Allein die Produktion der propagierten »Wunder- und Vergeltungswaffen« soll mehr als 100.000 Tote gefordert haben.

Nach Ende des Zweiten Weltkrieges stellten die Rüstungsprogramme des Deutschen Reiches vielfach die Grundlagen für die Entwicklung neuer Waffen in der sich

nun zuspitzenden Konfrontation einstiger Verbündeter hin zu System-Konkurrenten dar.
In diesem Band wird nun der militärisch-industrielle Komplex des Deutschen Reiches in den 1930er-Jahren sowie der Kriegsjahre bis 1945 der Teilstreitkraft Heer der Wehrmacht sowie der Waffen-SS vorgestellt. Die Autoren dokumentieren seit zwei Jahrzehnten die noch vorhandenen baulichen Hinterlassenschaften quer durch Europa. Vielerorts wurden die Liegenschaften nachgenutzt oder in kleinere oder größere Erinnerungsorte oder Gedenkstätten umgewandelt. Einige Anlagen sind bis in die Gegenwart als Ruinen erhalten. Knapp 100 dieser unterschiedlichsten Orte werden auf den folgenden Seiten in Bild- und Text vorgestellt, die während des Krieges maßgeblich an der Entwicklung, Produktion oder dem Einsatz von »Geheim- und Wunderwaffen« beteiligt waren. Neben allgemeinen Forschungs- und Erprobungseinrichtungen des Heeres werden auch besondere Entwicklungen wie den Bau der A4-Rakete oder das Forschungsprogramm zum Bau einer Atombombe, aber auch wichtige Rüstungsunternehmen der Zeit, die größtenteils nur durch staatliche Unterstützung aufgebaut und unterhalten werden konnten, vorgestellt.

Der Zweite Weltkrieg brachte Leid und Tod durch ganz Europa: zerstörter Reichstag in Berlin nach Ende des Krieges, Mai 1945.

Parade des Wachregiments in Berlin vor dem Chef der Heeresleitung General Werner v. Fritsch, Frühjahr 1934.

Kapitel 2

DAS HEER

2.1. Aufbau und Struktur

Der Versailler Vertrag von 1919 sah eine weitgehende Abrüstung Deutschlands, die Aussetzung der Wehrpflicht und auch ein Verbot von Luftstreitkräften vor. Die Reichswehr sollte mit Stichtag 1. Januar 1921 auf eine personelle Streitmacht von 100.000 Soldaten begrenzt bleiben und aus Freiwilligen bestehen.

Diese Streitmacht war als Selbstschutztruppe oder Polizeitruppe zu verstehen und entsprach in keinster Weise den geografischen Dimensionen Deutschlands. Zu den schwerwiegenden Beschränkungen zählte auch das Verbot von schweren Waffen. Für die Weimarer Republik waren diese Restriktionen auf Dauer inakzeptabel. Die Reichswehr bemühte sich um den Erhalt von Fachpersonal und eines Minimums an militärischen Grundfertigkeiten. Die Organisationsform stellten Wehrkreise dar, deren Anzahl stieg von 7 (1917) auf 13 (1937) an. Ursprünglich war jeweils einem Wehrkreis eine Infanteriedivision zugeordnet. Bis 1936 bildete die entmilitarisierte Zone des Rheinlandes eine Ausnahme, da sich hier zeitweise französische Besatzungstruppen befanden. Mit der Verdreifachung der Infanteriedivisionen ab 1934 wurden Armeekorps geschaffen, denen jeweils drei Divisionen unterstanden und die ihrerseits Armeen zugeordnet waren. Mit der Mobilmachung am 26. August 1939 entstanden Heeresgruppen, die sich aus Großverbänden zusammensetzten und in dieser Form die Organisation für Kampfhandlungen im Zweiten Weltkrieg darstellten. Die Bezeichnungen, Zusammensetzungen und Operationsräume der etwa 15 existierenden Heeresgruppen unterlagen ständigen Veränderungen. Unterhalb der Strukturebene Heeresgruppe waren Armeen angeordnet, die aus Armeeoberkommandos entstanden und bereits vor 1939 existierten.

Heeresgruppen-Klassifizierung nach Wehrkreisen

Wehrkreis	Städte, Provinzen, Reichsgaue, besetzte Gebiete	Hauptquartier
I	Provinz Ostpreußen, Bezirk Bialystok	Königsberg
II	Provinz Pommern	Stettin
III	Stadt Berlin, Provinz Brandenburg	Berlin
IV	Provinz Sachsen, Teile Reichsgau Sudetenland	Dresden
V	Württemberg, Baden	Stuttgart
VI	Provinz Westfalen, Teile Rheinland	Münster
VIII	Provinz Schlesien, Teile Reichsgau Sudetenland	Breslau
IX	Hessen, Teile Thüringen, Sachsen und Bayern	Kassel
X	Provinz Schleswig-Holstein, Teile Provinz Hannover	Hamburg
XI	Teile Provinz Hannover, Braunschweig und Sachsen	Hannover
XII	Teile Rheinland, Hessen und Baden	Wiesbaden
XIII	Teile Bayern, Baden, Württemberg, Reichsgau Sudetenland	Nürnberg
XVII	Reichsgaue in Österreich, Teile Reichsgau Sudetenland	Wien
XVIII	Reichsgaue in Österreich und Jugoslawien	Salzburg
XX	Reichsgau Danzig-Westpreußen	Danzig
XXI	Reichsgau Wartheland	Posen
(ohne)	Reichsprotektorat Böhmen und Mähren	Prag
(ohne)	Generalgouvernement	Krakau

Übersicht der Wehrkreise im Jahr 1944.

2.2. Verdeckte Aufrüstung

Um unter den Augen der Interalliierten Militär-Kontrollkommission einen Mindeststandart militärischer Fähigkeiten zu erhalten, musste die Reichswehr improvisieren. Für Gefechtsszenarien und Marschübungen kamen so genannte Panzerattrappen zum Einsatz, handelsübliche Kraftfahrzeuge mit einem Aufbau aus Stoff und Holz, die echte Panzerfahrzeuge imitierten. Die Fahrzeuge selbst waren in Fahrabteilungen organisiert, die den Eindruck von Fahrschulen hinterließen. Die technische Weiterentwicklung der Panzerwaffe unter den Rüstungsbeschränkungen mündete in der Weimarer Republik in einen Großtraktor und einen Leichttraktor, Tarnbezeichnungen für Kampfpanzer, für die Entwicklungsaufträge an Daimler-Benz, Rheinmetall und Krupp vergeben wurden. Ein Anfang der zwanziger Jahre geschlossenes Geheimabkommen zwischen der Reichswehr und der Roten Armee führte zu einer militärischen Zusammenarbeit, um über vollständig ausgebildetes Personal verfügen zu können. Die Ausbildung fand in der Sowjetunion statt und blieb der Öffentlichkeit und westlichen Nachrichtendiensten verborgen. In Lipezk etablierte sich eine Fliegerschule, in Kama bei Kasan einer Panzerschule, und in Schichany bei Saratow eine Erprobungsstelle für chemische Kampfstoffe. Die Ausbildung in Kama fand von 1929 bis 1933 statt und betraf deutsches und sowjetisches Personal gleichermaßen. Zudem diente die Kampfwagenschule Kama als Erprobungseinrichtung für gepanzerte Fahrzeuge mit dem Ziel, Kampfpanzer, Selbstfahrlafetten und Panzerspähwagen zu schaffen. Ein weiteres Aufgabenfeld war die bahnbrechende Einführung von entsprechend miniaturisierten Funkgeräten in Panzerfahrzeugen als Ersatz bisheriger Flaggensignalisation. Die Einrichtung mit dem Decknamen »Tomka« in Schichany war von 1928 bis 1933 in Betrieb und diente der Erprobung und Ausbildung auf dem Gebiet der chemischen Kriegsführung. Seitens des Reichsheeres bestanden nach wie vor Ideen, zum Ausgleich numerischer Unterlegenheit Chemiewaffen mittels Artillerie einzusetzen.

2.3. Erweiterung Teilstreitkraft Heer

Nachdem die so genannte Interalliierte Militär-Kontrollkommission im Jahr 1927 ihre Arbeit in Deutschland eingestellt hatte, begannen konkrete Planungen zur Aufstellung von bisher verbotenen Waffengattungen und einer grundsätzlichen Vergrößerung des Personalbestandes der Reichswehr. Während die Personalplanung von 1930 eine Streitmacht von 300.000 Soldaten vorsah, lag deren Zahl am 1. Oktober 1933 bei 112.000 Soldaten. Dieser Wert stieg im Folgejahr auf 180.000 Soldaten, eine scheinbar beeindruckende Zahl, die sich aber relativiert bei einem Blick auf die Anzahl verfügbarer Panzerkampfwagen, die damals bei einem Dutzend lag. Am 16. März 1935 erfolgte die Enttarnung aufgrund der Verkündung der Wehrhoheit mit Wiedereinführung der allgemeinen Wehrpflicht, die wenige Monate später zu ersten Einberufungen führte. Unmittelbar darauf erfolgte die Umbenennung von Reichswehr zu Wehrmacht und die Aufstellung bzw. Enttarnung der Teilstreitkraft Luftwaffe. Die Erweiterung der Reichs- zur Kriegsmarine fand zeitlich unmittelbar nach Luftwaffe oder Heer statt. Spätestens mit der Gründung der Teilstreitkraft Luftwaffe zum 1. März 1935 manifestierten sich die schon seit Jahren schwelenden Bestrebungen, alle fliegerischen Truppenteile der Luftwaffe zuzuordnen. Spezialisierte Heeresfliegerkräfte wurden damit obsolet, was folglich zu einer umgekehrten Entwicklung im Vergleich zum Deutschen Kaiserreich im Ersten Weltkrieg führte. Im Gegensatz dazu die Entwicklung der Flugabwehrartillerie, die bei allen drei Teilstreitkräften forciert und vorangetrieben wurde. Hier blieb eine Waffengattung – wiewohl unter federführender Entwicklung der Luftwaffe – nicht nur auf eine Teilstreitkraft beschränkt. Die Umbenennungen und Neuaufstellungen jener Zeit deuten schon die Zukunft an, aus dem Reichswehrministerium wurde das Reichskriegsministerium und der Reichswehrminister avancierte zum Reichskriegsminister und Oberbefehlshaber der Wehrmacht. Beim Heer vollzog sich eine ähnliche Entwicklung, die Heeresleitung des Reichsheeres wurde Anfang 1936 zum Oberkommando des Heeres. Der Chef des Heeres folglich zum Oberbefehlshaber des Heeres. Im nunmehr neuen Oberkommando des Heeres befand sich das Truppenamt, das fortan als Generalstab des Heeres fungierte.

2.3.1 Oberkommando des Heeres in Berlin

Gedenkstätte Deutscher Widerstand, Stauffenbergstraße 13–14, 10785 Berlin, Deutschland
www.gdw-berlin.de
GPS: 52°30'27.89"N 13°21'47.04"E

Das 1935 geschaffene Oberkommando des Heeres basierte organisatorisch auf der Heeresleitung des Reichsheeres. Der Oberbefehlshaber des Heeres galt während des Zweiten Weltkrieges als unmittelbarer Vorgesetzter der verschiedenen Heeresgruppen, denen Armeen, Armeekorps, Divisionen, Brigaden und Regimenter unterstanden. Für das Gebiet des Deutschen Reiches existierte ein Befehlshaber des Ersatzheeres und Chef der Heeresrüstung. Das Oberkommando des Heeres befand sich grundsätzlich immer in der Nähe des Führerhauptquartiers in Berlin, in einem Verwaltungsbau, der ursprünglich für das Reichsmarineamt kurz vor dem Ersten Weltkrieg entstanden war. Im Anschluss befanden sich hier die Heeresleitung des Reichsheeres und das Reichswehrministerium. Nach der Machtübernahme 1933 erfolgte die Erweiterung zu einem umfangreichen Gebäudekomplex, der heute unter dem Namen Bendlerblock bekannt ist. Der Staatsstreich am 20. Juli 1944 misslang, Stauffenberg und seine Mitstreiter wurden hier nach wenigen Stunden von Mitverschwörern hingerichtet. Zum Kriegsende führte der Kampfkommandant von hier aus die Verteidigung Berlin gegen die Rote Armee. Die Bedeutung des Umsturzversuchs von 1944 führte 1968 schließlich zur Eröffnung einer Dauerausstellung über die beteiligten Widerstandskämpfer. Als »Gedenkstätte Deutscher Widerstand« will dieser zentrale Ort der Erinnerung in der BRD über die Motive, Ziele und Formen des Kampfes gegen die nationalsozialistische Diktatur informieren. Seit 1993 befindet sich im Bendlerblock der zweite Dienstsitz des Verteidigungsministeriums.

Innenhof im Bendlerblock, ehemaliger Sitz des Oberkommandos des Heeres in Berlin, 2011.

2.3.2 Oberkommando des Heeres in Zossen

Bücherstadt-Tourismus GmbH
Zehrensdorfer Str. 12, 15806 Wünsdorf-Waldstadt, Deutschland
www.buecherstadt.com
GPS: 52°11'43.47"N 13°28'22.92"E (Zeppelin)
GPS: 52°11'33.41"N 13°28'16.57"E (Maybach I)
GPS: 52°10'55.84"N 13°28'22.83"E (Maybach II)

Insbesondere Luftschutzgründe unter den Bedingungen laufender Kriegsoperationen führten zur Schaffung eines Kriegsquartiers außerhalb der Reichshauptstadt. So befand sich das Oberkommando des Heeres von 1939 bis 1945 mehrheitlich in einem Kasernenkomplex bei Zossen. Als Stabsquartier diente hier die Bunkeranlage Maybach I, die oberirdisch aus Tarnungsgründen ab 1937 als uniforme Siedlung angelegt wurde. Die unauffällig wirkenden Landhäuser stellten faktisch Schutzbunker dar, sie verfügten jeweils über ein Erdgeschoss mit Gasschleusen, zwei Dachgeschosse und einen unterirdischen zweigeschossigen Keller. Alle Gebäude waren durch ein stollenartiges Tunnelsystem miteinander verbunden. Von diesem Bunkerkomplex bestand eine direkte Verbindung zum Fernmeldebunker Zeppelin, der von der Reichspost betrieben wurde. In unmittelbarer Nachbarschaft befand sich der nahezu baugleiche Bunkerkomplex Maybach II, wo zeitweise das Oberkommando der Wehrmacht residierte. Das Ensemble aus Zeppelin, Maybach I und Maybach II war während seiner Projektierung und Errichtung ständigen Veränderungen und Anpassungen unterworfen. Während die beiden Bunkersiedlungen nach Kriegsende gesprengt wurden, diente der Fernmeldebunker fortan als Nachrichtenzentrale der Gruppe der sowjetischen Streitkräfte in Deutschland. Nach deren Abzug im Jahr 1994 setzte eine touristische Vermarktung ein und die Überreste sind seitdem für die Öffentlichkeit zugänglich.

Nach der Sowjetarmee zog in Wünsdorf eine vielfältige Nutzung ein, hier Haus Oskar als Startpunkt für die Bunkerführungen, 2022.

Historischer Kasernenkomplex der Reichswehr mit Reithalle, Schwimmhalle und Stabsgebäude, 2021.

Gesprengter Bunker der Bauart Winkel auf dem Areal der ehemaligen Garnison Wünsdorf, 2021.

2.3.3 Bunkerquartier Mauerwald

Mamerki Bunkermuseum, Straße DK16 zwischen Przystan und Pniewo, 11-600 Mamerki, Polen
www.mauerwald.com
GPS: 54°10'50.17"N 21°39'02.31"E (Museum)

Als Feldquartier des Oberkommandos des Heeres galt der Mauerwald in der Nähe des Führerhauptquartiers Wolfsschanze. Neben diesem Feldquartier existierte in der Nähe auch noch das Quartier Hochwald des Reichsführers SS Heinrich Himmler (ab Sommer 1944 Befehlshaber des Ersatzheeres). Die Baumaßnahmen für das getarnte und bombensichere Feldquartier Mauerwald begannen im Jahr 1940 in der Nähe der Kleinstadt Angerburg, auf der gegenüberliegenden Seite des Mauersees. Ab 1941 war der Standort betriebsbereit, bei Belegung durch das Oberkommando des Heeres befanden sich hier über 1000 Generäle, Offiziere und Soldaten. Auch Militärattachés logierten dort. Neben dem Generalstab befand sich hier das Quartier des Heereshauptversorgungsdienstes. Die über 30 Bunker gruppierten sich in die Bereiche für die operativen Dienststellen des Generalstabes, die Fernmelde- und Kommunikationszentrale sowie den Führungsbereich für Nachschub und Verwaltung. Das Bunkerquartier Mauerwald wurde im Januar 1945 aufgegeben, eine zu erwartende Selbstzerstörung fand nicht statt, so dass die Rote Armee das Areal im funktionsfähigen Zustand vorfand. Heute ist das Gelände des einstigen Oberkommandos in unterschiedlich zugängliche Zonen aufgeteilt. Neben dem im Jahr 2003 eröffneten Mamerkie-Bunkermuseum gibt es einige touristisch erschlossene und nahezu vollständig erhaltene Funktionsbunker sowie ein weitläufiges Ensemble verschiedenartiger Bunker zu besichtigen. Insgesamt sind die Flächenausdehnung und der Erhaltungszustand vergleichsweise besser als beim 1945 vor Ankunft der Sowjets gesprengten, deutlich bekannteren ehemaligen Führerhauptquartiers Wolfsschanze.

Bunker des Oberkommandos des Heeres im Mauerwald, 2011.

2.4. Heereswaffenamt (HWA)

Im Oberkommando des Heeres lag die Verantwortlichkeit für Bewaffnung und Ausrüstung beim HWA. Mit Beginn des Krieges 1939 änderte sich das Unterstellungsverhältnis zum neu geschaffenen Chef der Heeresrüstung und Befehlshaber des Ersatzheeres. Organisatorisch war das HWA in so genannten Amtsgruppen strukturiert, in deren Obhut lagen Beschaffung, Abnahme, Lagerung, Auslieferung, Verwaltung und die Waffenprüfung. Aufbau und Struktur dieser Einrichtung unterlagen ständigen Veränderungen und Umorganisationen. Außerhalb dieser Struktur existierte zudem eine direkt dem HWA unterstellte spezielle Forschungsabteilung. Hier wurde u. a. das Chemisch-physikalische Institut Gottow (mit wechselnder Bezeichnung) geführt, das sich beispielsweise mit der Grundlagenforschung zur Entwicklung eines Kernreaktors und schlussendlich mit der Herstellung einer Atombombe beschäftigte. Die wichtigste Amtsgruppe des HWA war die Waffenprüfung, zuständig für die Entwicklung und Prüfung von Bewaffnung, Munition und Gerät. Es existierten etwa ein Dutzend unterstellte Abteilungen, die den verschiedenen Waffengattungen zugeordnet waren. In die Zuständigkeit der Abteilung »Wa Prüf 12« fielen die Schießplätze, Versuchsstellen, -anstalten und -kommandos. Neben den bekannten Einrichtungen zählten dazu auch subtropische Erprobungskommandos in Afrika und arktische Erprobungskommandos in Norwegen. Parallel zum HWA des Heeres existierte eine nahezu analoge Einrichtung beim vierten Teil der deutschen Streitkräfte, der Waffen-SS. Bei dem Pendant handelte es sich um das Waffenamt oder Technische Amt, das die gleichen Aufgaben innehatte und den Belangen der Waffen-SS diente. Das HWA geriet im Juli 1944 unter Einfluss der SS, da Heinrich Himmler zum neuen Chef der Heeresrüstung und Befehlshaber des Ersatzheeres ernannt wurde. Es existierten Planungen, das HWA mit den entsprechenden Dienststellen von Luftwaffe, Marine und Waffen-SS zu einem Wehrmachtswaffenamt umzustrukturieren.

Gebäude des Heereswaffenamt Jebensstraße/Hertzallee in Berlin, 2014.

2.4.1. Militärtechnische Akademie im Cranzbau

Bundesanstalt für Immobilienaufgaben
Fasanenstraße 87, 10623 Berlin
GPS: 52°30'33.26"N 13°19'52.40"E (Cranzbau)

Der wichtigste Amtssitz des Heereswaffenamtes befand sich im Berliner Stadtbezirk Charlottenburg. Genutzt wurde der Cranzbau, der von 1903 bis 1919 die Militärtechnische Akademie beherbergte. Namensgebend war deren Leiter Karl Cranz. Historisch handelte es sich um die höhere Militärtechnische Akademie der preußischen Armee. Der Cranzbau selbst beherbergte ein ballistisches Laboratorium und bildete den Mittelpunkt eines etwa 3 Hektar großen Geländes, das später zu einem umfangreichen Gebäudekomplex ausgebaut wurde. Da 1939 im Heereswaffenamt etwa 6000 bis 7000 Personen beschäftigt waren, ergab sich die Notwendigkeit für diesen großzügigen Gebäudekomplex. Am Hauptsitz befanden sich der Stab des Heereswaffenamtes und die Amtsgruppe für leitende Zentralaufgaben.

Hier wurden klassische verwaltungstypische Arbeiten wie Ausbildung, Verbindung, Verträge, Finanzierung, Unterbringungs- und Luftschutz-Angelegenheiten organisiert. Ebenso wurden hier die technischen Druckvorschriften verwaltet sowie Zeichnungen und Fertigungsunterlagen angefertigt.

Mit der zunehmenden Notwendigkeit der Einsparung von Rohstoffen etablierte sich eine Abteilung für Sparstoffe. Der Stab des Heereswaffenamtes war für Mobilmachungs-Vorbereitungen und grundsätzliche Planung, Organisation und Personalangelegenheiten zuständig. Auch die Rohstoffverteilung, Spionageabwehr, der Nachrichtenverkehr ins Ausland und die Überprüfung der Berichte der Amtsgruppen gehörten zu den Aufgaben. Aufgrund zunehmender alliierter Luftangriffe auf Berlin mussten einzelne Amtsgruppen und Abteilungen ab 1943 in der Mehrzahl nach Wünsdorf, Kummersdorf, Sperenberg und Hillersleben verlegt werden. Nachdem die Tätigkeiten in Wünsdorf im Frühjahr 1944 ebenfalls durch einen Luftangriff beeinträchtigt wurden, erfolgte eine weitere Verlegung nach Halberstadt. Die Zersplitterung der Amtsgruppen und Abteilungen führte zu einer immer schlechteren Zusammenarbeit. So war die Arbeit der Waffenabnahme aufgrund ungenügender Nachrichtenverbindungen zu den Außenstellen vergleichsweise schlechter organisierbar. Teilbereiche des Gebäudekomplexes wurden nach Ende des Krieges abgerissen und anschließend neu bebaut.

Das Areal beherbergte verschiedene Bundesbehörden, aktuell befindet sich dort die Bundesanstalt für Immobilienaufgaben. Der Cranzbau blieb unverändert erhalten und steht unter Denkmalschutz.

Militärtechnische Akademie, der Cranzbau (1904/05) an der Hertzallee auf dem Gelände des ehemaligen HWA, 2022.

2.5. Versuchsanstalten

Nach dem Waffenstillstand von 1918 wurde Deutschland im Versailler Vertrag von 1919 dazu verpflichtet, künftig eine militärische Fliegertruppe weder aufzubauen noch zu unterhalten. Daneben wurde auch die Anzahl der bewaffneten Kräfte beschränkt. Doch das Potenzial neuartiger Waffentechnik ließ die Reichswehr im Geheimen den Aufbau einer Panzertruppe sowie einer Luftwaffe vorantreiben. In den 1920er-Jahren bestand in Deutschland nur die Möglichkeit mithilfe von Tarnunternehmen, verdeckt unter einem zivilen Anschein, Personal zu schulen und auszubilden. Doch letztlich ermöglichte der im April 1922 unterzeichnete Vertrag von Rapallo zwischen dem Deutschen Reich und der Russischen Sozialistischen Föderativen Sowjetrepublik – aus der Ende 1922 die Sowjetunion hervorgehen sollte – den Austausch und Aufbau von geheimen Übungsplätzen auf dem Gebiet der Sowjetunion. Der Vertrag normalisierte nicht nur die politische und wirtschaftliche Zusammenarbeit beider Länder, sondern ermöglichte der Reichswehr die Erprobung militärischer Technik außerhalb des Reichsgebietes. Neben der Fliegerschule und der Erprobungsstätte der Reichswehr wurde ein Übungsgebiet für Panzereinheiten und ein Areal zur Erprobung von Giftgas unterhalten.

Kurz nach der Machtergreifung der Nationalsozialisten in Deutschland endete auch die militärische Zusammenarbeit mit der Sowjetunion. Die neuen politischen Beziehungen zwischen den großen europäischen Ländern verschoben die Notwendigkeit einer gegenseitigen Unterstützung. Doch auch in den 1930er-Jahren wurde in einer ersten Phase eine verdeckte und später durch die Kündigung des Versailler Vertrages eine offene Aufbauarbeit der Streitkräfte forciert. Spätestens ab Mitte der 1930er-Jahre entstanden mehrere Stellen zur Erprobung neuer Waffen. An den unterschiedlichen Standorten erfolgte eine Spezialisierung in verschiedenen Teilgebieten, um die Tauglichkeit für eine spätere Verwendung zu überprüfen. Von den einstigen Erprobungsstellen quer durch Deutschland sind heute noch viele bauliche Spuren vorhanden.

Einer der Zufahrten zum Areal der Heeresversuchsanstalt Kummersdorf, 2012.

2.5.1. Heeresversuchsanstalt Kummersdorf

Förderverein Museum Kummersdorf
Konsumstraße 5, 15838 Am Mellensee,
OT Kummersdorf-Gut
www.museum-kummersdorf.de
GPS: 52°05'38.31"N 13°24'46.97"E (Steigungsbahnen)
GPS: 52°05'34.16"N 13°18'57.73"E
(Versuchsstelle Gottow)
GPS: 52°06'10.02"N 13°22'31.06"E
(Heeresarbeitersiedlung Kummersdorf)

Ende des 19. Jahrhunderts wurde im Auftrag des preußischen Kriegsministeriums bei Kummersdorf ein großes Übungs- und Testgelände für die Artillerie eingerichtet. Neben der Erprobung unterschiedlicher Waffen wurde dort 1917 die Versuchsstelle für einen Förderbahn- und Kraftwagenbetrieb gegründet, aus der neun Jahre später die Kraftfahr-Versuchsstelle für Motorräder, Personenkraftwagen, Lastwagen und Panzer hervorging. Im Zuge der Aufrüstung in den 1930er-Jahren wurde das Areal erweitert und ab 1938 nördlich von Horstwalde eine neue Versuchsstelle mit Teststrecken, Laboratorien und Werkstätten gebaut. Unter Einbeziehung natürlicher Erhebungen entstanden unter anderem Steigungsbahnen mit einer Länge von 32 Metern, Verwindungsbahnen, Kletterhindernisse und Watbecken. Hier wurden während des Zweiten Weltkrieges auch erbeutete Fahrzeuge intensiven Tests unterzogen, um ihre Schwachstellen herauszufinden. Den flächenmäßig größten Teil der Heeresversuchsstelle bildete der Artillerieschießplatz. Angegliedert war ab 1930 die neu geschaffene Versuchsstelle West, hier wurde später neuartige Raketentechnik erprobt. Einige der Prüfstände für die Flüssigkeitsraketentriebwerke sind erhalten geblieben. Im Randbereich des Artillerieschießplatzes befand sich der Eisenbahnpionier-Übungsplatz Sperenberg, auf dem ebenfalls Erprobungen für das Heereswaffenamt durchgeführt wurden. Nach der militärischen und industriellen Nutzung durch die sowjetischen Streitkräfte, die Nationale Volksarmee und die DDR-Fahrzeugindustrie ging das Areal der Kraftfahr-Versuchsstelle nach der Wiedervereinigung an die Bundesanstalt für Materialforschung und -prüfung (BAM) über, die sie noch heute als Testgelände nachnutzt. Die unter Denkmalschutz stehenden Steigungs- und Verwindungsbahnen sowie die Kasernengebäude und Schießbahnen der Heeresversuchsstelle können nach voriger Anfrage besichtigt werden. Die Aufarbeitung und Darstellung der Geschichte des Standortes findet durch den Förderverein Museum Kummersdorf statt, der auch ein Museum betreibt.

2.5.2. Heeresversuchsanstalt Peenemünde

Historisch-Technisches Museum Peenemünde
Im Kraftwerk, 17449 Peenemünde, Deutschland
www.museum-peenemuende.de
GPS: 54°08'19.6«N 13°45'57.7"E
(Kraftwerk Peenemünde/HTM)

Ab Mitte der 1930er-Jahre setzte auf der Nordspitze der Insel Usedom eine rege Bautätigkeit ein. Neben der Erprobungsstelle der Luftwaffe Peenemünde-West begannen 1936 die Bauarbeiten für die Heeresversuchsanstalt Peenemünde-Ost. Die aufgebauten großräumigen und modernen Gebäudekomplexe, die sich über verschiedene Teilliegenschaften erstreckten, dienten der weiteren Erforschung und Entwicklung neuartiger Raketenwaffen, da das zuvor genutzte Areal in Kummersdorf an seine Grenzen stieß. Zum Komplex zählten ein großräumiges Testgelände mit mehreren Prüfständen, ein eigenes Kraftwerk, Unterkünfte und Wohnsiedlungen für die Wissenschaftler und Arbeiter sowie eine elektrifizierte Werkbahn, die der Berliner S-Bahn äußerlich stark glich. Mit der Fertigstellung der ersten Bauten entwickelten die Wissenschaftler und Techniker die weltweit erste funktions- und flugfähige Rakete, die eine Reichweite von mehreren hundert Kilometern besaß. Beim erfolgreichen Start einer Aggregat-4-Rakete (A4) am 3. Oktober 1942 auf dem Prüfstand VII erreichte erstmals ein von Menschen geschaffenes Gebilde die Grenze des Weltraums. Die ursprünglichen Planungen sahen nach der erfolgreichen Entwicklung auch die Produktion der neuartigen Fernwaffen in einem umfangreichen Gebäudekomplex – dem Versuchsserienwerk mit zwei großen Fertigungshallen – vor. Doch nach alliierten Luftangriffen wurde die Serienproduktion ab August 1943 in unterirdische Produktionsstätten, wie das Mittelwerk des Konzentrationslagers Mittelbau-Dora im Harz, verlagert. Die Waffe sollte schnellstmöglich dem Militär zur Verfügung stehen. Aggregat 4 wurde schon bald von der Propaganda als Vergeltungswaffe 2 (V2) bezeichnet und sollte als »Wunderwaffe« den Kriegsverlauf entscheidend ändern. Bei den alliierten Luftangriffen wurde nicht nur das Versuchsgelände in Teilen zerstört, zahlreiche Bomben fielen etwa auch auf ein Gemeinschaftslager, in dem Zwangs- und Fremdarbeiter untergebracht waren. Die Arbeiten liefen in Peenemünde eingeschränkt bis Ende des Weltkrieges weiter. Unter Einsatz eines Heeres von Zwangsarbeitern wurde die Produktion in unterirdischen Anlagen unter größeren menschlichen Verlusten vorangetrieben. Der überwiegende Teil der Gebäude und Versuchseinrichtungen der Heeresversuchsanstalt Peenemünde-Ost wurde nach dem Krieg demontiert und verwertbare Bauteile in die Sowjetunion transportiert. Das hier und an anderen Standorten erbeutete Material der Raketenentwicklung, aber auch die in Gefangenschaft geratenen oder rekrutierten Wissenschaftler und Techniker aus Peenemünde und anderen deutschen Forschungs- und Produktionseinrichtungen bildeten maßgeblich die Grundlage der amerikanischen und sowjetischen Raketenprojekte sowie der Weltraunfahrt. Die Nordspitze der Insel Usedom fiel anschließend teilweise in Vergessenheit. Der Flugplatz und der Bereich des Kraftwerkes und des Hafens dienten spätestens mit Gründung der Nationalen Volksarmee wieder einer umfassenden militärischen Nutzung. Die nicht genutzten Areale wurden in den folgenden Jahrzehnten von der Natur zurückerobert. Heute ist das weitläufige Gelände daher ein artenreiches Naturschutzgebiet und darf nicht betreten werden. Ein 1991 zuerst als Historisch-Technisches Informationszentrum gegründetes Museum informiert auf dem Areal des 1990 stillgelegten Steinkohlekraftwerkes am Hafen von Peenemünde über die Geschichte dieses Ortes und der Umgebung im Dritten Reich. 2010 wurde das Informationszentrum in ein offizielles Museum umgewandelt. Zuvor erhielt es 2002 für seine friedensfördernden Bemühungen das »Nagelkreuz von Coventry«. 2015 eröffnete auf dem Dach des Kraftwerkes eine Aussichtsplattform, die einen imposanten Ausblick über die umliegende Denkmallandschaft ermöglicht. Die Denkmallandschaft kann in Teilen zu Fuß, aber auch mit dem Fahrrad auf einem konzipierten Rundweg von 25 Kilometern Länge selbstständig erschlossen werden. Aktuell informieren 23 Tafeln über authentisch erhaltene bauliche Hinterlassenschaften des einstigen Forschungs- und Rüstungswerkes und die Hintergründe in der Zeit des Krieges.

Historisches Kraftwerk am Hafen des Forschungskomplexes Peenemünde, 2017.

2.5.3. Heeresversuchsanstalt Hillersleben

Truppenübungsplatz Altmark
Salchauer Chaussee 1, 39638 Gardelegen
GPS: 52°26'32.9" N 11°32'10.2" E

1934 wurde im Auftrag des Reichswehrministers ein Versuchsplatz in der Colbitz-Letzlinger Heide angelegt. Ein Jahr später wurden bereits die ersten Kasernenbauten in Hillersleben offiziell eingeweiht und mit der Erprobung der unterschiedlichsten Waffen begonnen. Bis 1945 wurden auf dem Versuchsplatz zahlreiche Artillerie- und Panzerabwehrwaffen sowie später auch große Geschütze erprobt. Ein weiteres, vor Ort getestetes Geheimprojekt war die Langrohrkanone (LRK 15), die in der Propaganda als Vergeltungswaffe 3 (V3) bezeichnet wurde. Diese sollte im Fronteinsatz von der französischen Kanalküste aus das englische Festland samt der Hauptstadt London beschießen. Die verbunkerte Anlage (siehe Seite ...) wurde aber bei einem alliierten Luftangriff zerstört und die Waffe kam nicht mehr zum Einsatz. Erste Schießversuche wurden auf dem Areal in Hillersleben im Januar 1944 mit einer horizontal angeordneten verkürzten Version mit sechs Segmenten durchgeführt. Als Geschoss kamen drei Meter lange Röchling-Pfeilgranaten Kaliber 15 Zentimeter zum Einsatz. Nachdem die Versuche in Hillersleben abgeschlossen waren, wurde die Weiterentwicklung auf das Testgelände südlich des Ostseebades Misdroy auf der Insel Wolin verlegt. Parallel erfolgte in Peenemünde durch das Aerodynamische Institut die Entwicklung des Peenemünder Pfeilgeschosses PPG, von dem man sich eine weitere Steigerung der Reichweite versprach.

In Spitzenzeiten arbeiteten in der Heeresversuchsanstalt

Hillersleben bis zu 4000 Personen. Für die Erprobung der unterschiedlichen Waffen, darunter auch erbeutete Geschütze, stand ein 700 Meter breiter und knapp 30 Kilometer langer Schießplatz zur Verfügung. Für 70 Millionen Reichsmark entstand einer der für seine Zeit weltweit modernsten militärischen Versuchs- und Erprobungskomplexe. Die Liegenschaft entwickelte sich bis zum Ende des Krieges zur wichtigsten Entwicklungsanstalt des Heeres. Bei zahlreichen Vorführungen waren auch regelmäßig Vertreter aus Politik und Wirtschaft zu Besuch.

Nach 1945 nutzten die sowjetischen Streitkräfte das Areal als Truppenlager und Übungsplatz. Für die Vorbereitung des Großmanövers »Waffenbrüderschaft 80« wurden auf und an dem ehemaligen Gelände der Heeresversuchsanstalt Hillersleben umfangreiche Rodungsmaßnahmen durchgeführt und das Areal enorm vergrößert. Dem Abzug der Russen 1994 folgte eine Nutzung durch die Bundeswehr.

Die Infrastruktur des ehemaligen sowjetischen Übungsplatzes wurde für die Zwecke zum modernen 23.000 Hektar großen Truppenübungsplatz Altmark umgebaut. Tausende Tonnen Munitionsreste wurden seit der Übernahme durch die Bundeswehr geborgen. Die Beseitigung dauert bis heute an. 2010 wurde im nördlichen Bereich des Areals ein Behelfsflugplatz mit einer 1700 Meter langen Start- und Landebahn wieder in Betrieb genommen. 2012 eröffnete im Kasernenbereich in Gardelegen eine kleine Ausstellung zur Geschichte der Liegenschaft. Der Truppenübungsplatz darf von Unbefugten nicht betreten werden. Noch immer sind die umfangreichen Bau- und Sanierungsmaßnahmen nicht abgeschlossen.

Technikpark mit Tankstelle der einstigen Heeresversuchsanstalt Hillersleben, 2015.

2.5.4. Heeresversuchsstelle »Raubkammer«

Truppenübungsplatz Munster-Nord
Oerreler Weg, 29633 Munster
GPS: 53°02'05.8"N 10°07'53.8"E
(Truppenübungsplatz)
GPS: 52°59'13.0"N 10°06'33.4"E
(Deutsches Panzermuseum)

Mit dem Einsatz von Giftgas im Ersten Weltkrieges wurde Munster 1916 zum Standort der Giftgasproduktion bestimmt. In drei Werken wurden ab 1917 chemische Kampfstoffe produziert und auf einem 6500 Hektar großen, eigens errichteten Versuchs- und Erprobungsschießplatz mit der Bezeichnung »Gasplatz Breloh« getestet. In den Anlagen wurde nicht nur Gasmunition hergestellt, sondern auch das Kampfstoffarsenal gezielt weiterentwickelt und Einheiten an der Handhabung ausgebildet. Das Gelände bei Munster zählte in den Jahren des Ersten Weltkrieges als größte deutsche Einrichtung zur Herstellung und Erprobung von Kampfstoffen. Nach Ende des Ersten Weltkrieges wurden das Areal und der Gasplatz vollständig beräumt. In den 1930er- Jahren geriet das Gelände wieder in den Fokus des Heereswaffenamtes. Unter der Bezeichnung »Heeresversuchsstelle Raubkammer« wurden hier bis Ende des Zweiten Weltkrieges Kampfstoffe abgefüllt und erprobt.
Die Anlage fiel unversehrt in die Hände der Briten, die vor Ort bis zum Herbst 1945 Versuche mit Kampfstoffen unternahmen. Auf den Abzug folgten die Demontage und der Rückbau der Fabrikationsanlagen. Mit dem Aus- und Aufbau der Bundeswehr wurde das Gelände zum Standort des Truppenübungsplatzes (TrÜbPl) Munster-Nord bestimmt.
Südlich der Stadt wurde 1891 der Grundstein für den heutigen Truppenübungsplatz Munster-Süd gelegt. Nach der Nutzung als Übungsplatz wurden hier ab 1914 Kriegsgefangene und Flüchtlinge untergebracht. Durch die Stationierung von Panzertruppen in Munster in den 1930er-Jahren folgte der Ausbau zu einem modernen Panzerübungsplatz. Der Geschichte der Entwicklung von Panzerfahrzeugen kann seit 1983 im hiesigen Deutschen Panzermuseum nachgespürt werden.

Aussicht vom »Hindenburg-Bunker« auf den heutigen Truppenübungsplatz Munster Süd, 2014.

Eingang des Deutschen Panzermuseums Munster, 2018.

2.5.5. Heeresversuchsstelle Mittersill
Lendstraße 34, 5730 Mittersill, Österreich
GPS: 47°17'01.0"N 12°28'33.3"E

Neben der Erprobung von Waffen und der dazugehörigen Munition wurde ab 1939 im österreichischen Mittersill eine weitere Heeresversuchsstelle der deutschen Wehrmacht errichtet. Ursprünglich als Forschungs- und Entwicklungsareal der Arbeitsgemeinschaft aller Seilbahnfirmen des damaligen Deutschen Reiches gegründet, erfolgte hier ab 1939 die Entwicklung und Erprobung neuer Geräte, die für militärische Zwecke vornehmlich im Gebirge nutzbar sein sollten. Auf diesem Weg sollten abgelegene Areale mit Nachschub- und Ausrüstungsgütern versorgt werden können. Doch nicht nur der Transport von Gütern in gebirgige Gegenden, sondern auch über breite Flüsse oder Ströme sollte so getestet und erprobt werden. Neben der Heeresversuchsstelle nahm 1943 die Seilbahnschule Mittersill hier ihre Arbeit auf. Fortan konnte auch eine praktische Ausbildung zur Errichtung und zum Betrieb von Seilbahnen mit dem dafür notwendigen Bau von Holz- und Stahlstützen sowie Umlenkstationen erfolgen. Zwei weithin sichtbare, knapp 80 Meter hohe Seilbahnstützen avancierten schnell zum Wahrzeichen der Stadt, wurden aber einige Jahre nach Kriegsende abgerissen. Bis Kriegsende erfolgte eine Nutzung des Areals. Wie an anderen Standorten konnten die Arbeiten nach 1939 nur durch den Einsatz von Zwangs- und Fremdarbeitern durchgeführt werden. In den letzten Kriegsmonaten fungierte das Areal als Abstellplatz für rückverlagerte Lokomotiven und Waggons der Heeresfeldbahn, die mit dem Zusammenbrechen der unterschiedlichen Fronten immer weiter in Richtung des Kernlandes transportiert wurden.
Am Ende des Krieges wurde die Heeresversuchsstelle aufgegeben. Die Versuchseinrichtungen in Mittersill und Umgebung wurden demontiert und stellten teilweise den Grundstock ziviler Liftanlagen dar.

2.6. Heeresgruppen der Wehrmacht
Unter dem Oberkommando des Heeres wurden militärische Großverbände (Armee, Armeegruppe und Korps) in Heeresgruppen zusammengefasst. Nachdem bei der Reichswehr lediglich zwei Gruppenkommandos existierten, entstanden nach Beginn des Krieges mehrere Armeeoberkommandos, die entweder dem Oberkommando des Heeres (OKH) oder dem Oberkommando der Wehrmacht (OKW) unterstanden. Im Verlauf des Krieges befehligten auch regionale Oberbefehlshaber mehrere Heeresgruppen. Quer durch Europa sind bis in die Gegenwart bauliche Strukturen der Heeresgruppen oder der Armeeoberkommandos erhalten.

2.6.1. Heeresgruppe Nord
Herrenhaus Malnava
Malnava, Malnava Parish, LV-5750, Lettland
GPS: 56°46'35.4"N 27°43'12.8"E

Im Rahmen der Vorbereitung des Angriffs auf die Sowjetunion am 22. Juni 1941 (Unternehmen Barbarossa) waren die angreifenden Truppen in drei Heeresgruppen eingeteilt: die Heeresgruppe Nord, die Heeresgruppe Mitte und die Heeresgruppe Süd. Das militärstrategische Ziel der Heeresgruppe Nord sah vor, durch die baltischen Staaten bis nach Leningrad zu stoßen. Als Hauptquartier der Heeresgruppe Nord wurde ein Herrenhaus im Osten Lettlands bestimmt. Vier Wochen nach dem Angriff und der Zerschlagung der sowjetischen Verbände in Lettland landete Adolf Hitler am 21. Juli 1941 auf einem kleinen Flughafen in Malnava. Von hier aus fuhr er öffentlichkeitswirksam in seinem offenen Mercedes zum Hauptquartier der Heeresgruppe Nord, das in einem geschichtsträchtigen Herrenhaus eingerichtet wurde. Hier traf er Generalfeldmarschall Wilhelm Ritter von Leeb, der im Frühjahr 1941 zum Oberbefehlshaber der Heeresgruppe Nord ernannt war. Die Deutsche Wochenschau begleitete die Fahrt und das Treffen. Neben den bestehenden Gebäuden wurden zum weiteren Schutz des Personals des Hauptquartiers versteckte Keller und mehrere Bunkeranlagen errichtet. Mit dem Vorrücken der Front wurde das Hauptquartier 1943 ins 150 km nördlich gelegene Wasserburg verlegt. Nach der Einkesselung durch sowjetische Truppen erfolgte im Januar 1945 die Umbenennung der Heeresgruppe Nord in Heeresgruppe Kurland. Die Rote Armee konnte zwar Geländegewinne erzielen, doch die Heeresgruppe Kurland bis Kriegsende nicht besiegen. Der Großteil konnte in den letzten Kriegstagen über See nach Westen evakuiert werden; der Rest geriet in sowjetische Gefangenschaft. Heute werden die Gebäude des Herrenhauses Malnava von einer Bildungseinrichtung genutzt.

Hauptgebäude des Herrenhauses Malnava, 2009.

2.6.2. Heeresgruppe Mitte

GPS: 54°46'59.1"N 31°53'45.0"E (Ausweichquartier Führerhauptquartier Bärenhöhle)
GPS: 51°27'15.9"N 30°07'10.2"E (Memorial in der Nähe des Prypjat-Flusses)
GPS: 50°21'22.9"N 15°50'46.6"E (Velichovky, Lázně 79, 552 11 Velichovky, Tschechien)

Die Heeresgruppe Mitte zählte zur stärksten der drei Heeresgruppen zu Beginn des Krieges gegen die Sowjetunion. Unter dem Befehl des Generalfeldmarschalls Fedor von Bock sollte sie in Richtung Moskau vorstoßen. Die Truppen bewegten sich quer durch das Gebiet des heutigen Staatsgebietes Belarus und passierten die Prypjatsümpfe. Nördlich der Sümpfe kam es mehrfach zu schweren Gefechten mit der Roten Armee.
Nachdem die »Organisation Todt« in der Nähe von Smolensk im besetzten Teil der Sowjetunion Bauten für das so genannte Führerhauptquartier Bärenhöhle errichtet hatte, fiel das Gelände spätestens im Herbst 1943 in die Nutzung der Heeresgruppe Mitte. Durch den Vorstoß der Roten Armee 1944 musste ein Großteil der n Verbände in Richtung Norden zurückweichen. Nach Umbenennung der Heeresgruppe Nord im Januar 1945 in Heeresgruppe Kurland erfolgte eine weitere Umbenennung der aufgeriebenen Heeresgruppe Mitte in Heeresgruppe Nord. Soweit möglich, wurden Verbände über Ostseehäfen in Richtung Deutschland evakuiert. Truppenteile, die sich nach Süden zurückziehen konnten, gingen in der Heeresgruppe A auf. Diese zogen sich zum Teil wiederum über den Bereich der Prypjatsümpfe zurück. Daher erinnern auch in diesem Bereich noch heute zahlreiche Denkmäler an das Kriegsgeschehen.

Memorial bei Lasne in der Nähe des Prypjat-Flusses, 2021.

Bunker des einstigen FHQ »Bärenhöhle«, 2013.

2.6.3 Heeresgruppe Weichsel

Schloss Dammsmühle
Schloßstraße, 16348 Wandlitz
GPS: 52°41'37.6"N 13°24'27.7"E
(Schloss Dammsmühle)

Nach Aufstellung der Heeresgruppe Weichsel aus Truppen der zurückgewichenen Verbände der Heeresgruppe Mitte (2. Armee), der Heeresgruppe A (9. Armee) sowie der neu aufgestellten 11. Armee/11. SS-Panzerarmee stellte der Großverband zwischen Januar 1945 und Mai 1945 eines der letzten Aufgebote der Wehrmacht dar. Bei der Abwehrschlacht um Berlin bezog der Befehlshaber der Heeresgruppe für einige Wochen auch das Schloss Dammsmühle.

Das historische Schloss Dammsmühle wurde 1768 für den Berliner Lederfabrikanten Peter Friedrich Damm errichtet. Nach mehreren Eigentümerwechseln und damit verbundenen Umbau- und Erweiterungsmaßnahmen erwarb der englische Unternehmer Harry Goodwin Hart das Anwesen im Jahr 1929. Aufgrund der jüdischen Wurzeln seiner Frau verließ das Ehepaar Deutschland 1938. Harts Eigentum wurde 1940 enteignet und das Anwesen dem Reichsführer SS Heinrich Himmler geschenkt. Durch den schnellen Vormarsch der Roten Armee 1945 wurde das Schloss kurzerhand zu einem militärischen Hauptquartier umfunktioniert. Nach Ende des Krieges bezogen Einheiten der Roten Armee die Liegenschaft. Heute erinnert nichts mehr an die einstige militärische Nutzung.

Schloss Dammsmühle inmitten eines weitläufigen Waldgebietes, 2021.

2.6.4. Heeresgruppe C

Museum Bunker Monte Soratte
Viale Europa, 00060 Sant'Oreste RM, Italien
www.bunkersoratte.it
GPS: 42°14'12.0"N 12°30'31.8"E (Museum)

Nachdem die Heeresgruppe C zuerst maßgeblich für den Sieg über Frankreich verantwortlich zeichnete, erfolgte im Juni 1941 in Vorbereitung des Angriffs auf die Sowjetunion eine Verlegung nach Polen. Hier sollte die Heeresgruppe C die Heeresgruppe Mitte unterstützen. Doch schon im November erfolgte eine weitere Verlegung des Stabes nach Italien zur Unterstützung der Italiener im Mittelmeerraum und in Nordafrika. Schon bald wurde ein großes Bunkersystem nördlich von Rom zum Hauptquartier bestimmt. Noch vor Beginn des Krieges ließ der Staatschef des faschistischen Italiens Benito Mussolini (1883–1945) ein umfangreiches Stollensystem im Monte Soratte errichten. Dieser Komplex sollte nach seiner Fertigstellung als militärisches Führungszentrum der italienischen Armee dienen. Gegenüber der örtlichen Bevölkerung erklärte man, es handele sich um einen Rüstungsbetrieb. Nach der Landung der Alliierten in Süditalien im Sommer 1943 wurde Mussolini vom Großen Faschistischen Rat seiner Ämter enthoben und unter Arrest gestellt. Am 12. September 1943 befreite ihn ein deutsches Fallschirmjägerkommando vom Gran Sasso. Die Deutschen nötigten Mussolini zur Gründung der

Hauptstollen im Bunkerkomplex Monte Soratte, 2016.

Im Bunker wurde vermutlich auch das geraubte Gold der italienischen Staatsbank eingelagert, 2016.

Das System war so weitläufig, dass hier eine Rüstungsproduktion stattfinden konnte, 2016.

BUNKER SORATTE
NEGLI SPAZI IPOGEI
NO FOTO – NO VIDEO

Republik von Salò – eine Marionettenregierung mit Mussolini an der Spitze für den noch unbesetzten Nordteil des Landes. Nachdem das »freie Italien« einen Waffenstillstand mit den Alliierten ausgehandelt und damit das Bündnis mit Deutschland im September 1943 aufgekündigt hatte, wurden die einstigen Verbündeten – zumindest in Teilen – zu Feinden. Deutsche Truppen besetzten den nvon den Alliierten noch nicht eingenommenen Teil Italiens und entwaffneten jene italienischen Truppen, die nicht auf deutscher Seite weiterkämpfen wollten. Bis Kriegsende kamen etwa 600.000 als Militärinternierte ins Deutsche Reich. Zeitgleich wurden die oberirdischen Gebäude und die unterirdische Anlage des Bunkers Soratte zu einem Gefechtsstand der Wehrmacht unter Feldmarschall Albert Kesselring umgewandelt. In den folgenden zehn Monaten wurde der Komplex ausgebaut und sicherte bei Luftangriffen die stationierten deutschen Truppen. Im Sommer 1944 koordinierte Kesselring von dort die militärischen Abwehrmaßnahmen an der Gustav-Linie – einer feldmäßig ausgebauten Verteidigungslinie, die südlich von Rom quer durch Italien verlief –, doch letztlich konnten die alliierten Truppen durchbrechen und das von Feldmarschall Kesselring zur Offenen Stadt erklärte Rom besetzen. Die deutschen Stäbe mussten sich anschließend auch vom Monte Soratte zurückziehen. Nach Ende des Krieges diente das knapp 4 km lange Stollensystem den italienischen Streitkräften als Munitionslager, bis 1967 Umbauarbeiten zu einem Atomschutzbunker für die Regierung begannen. Doch nach fünf Jahren Bauzeit wurden die Arbeiten aus bislang unbekannten Gründen gestoppt. Danach fiel der Komplex der Vergessenheit anheim. Engagierten Personen ist es zu verdanken, dass die Gemeinde Sant'Oreste das unterirdische Bauwerk erwarb. Seitdem baut der Verein »Associazione Bunker Soratte« den Bunker zu einem authentischen Ort der Geschichte aus und will ihn für die Öffentlichkeit erhalten.

Seit einigen Jahren kann der Komplex besichtigt werden, hier Vortragsraum, 2016.

Kapitel 3

DER VERSORGUNGS- UND RÜSTUNGSKOMPLEX

Bereits kurz nach der Machtergreifung am 30. Januar 1933 wurden die Wiederbewaffnung und Aufrüstung der Streitkräfte forciert. Hierbei konnte auf die bereits seit den 1920er-Jahren durch die Reichswehr im Geheimen vollzogenen und die Bestimmungen des Versailler Vertrages umgehenden Rüstungsvorbereitungen zurückgegriffen werden.

Das Heereswaffenamt hatte etwa bereits 1932 ein Rüstungsprogramm für die Jahre 1933 bis 1938 entworfen. Im Ergebnis der Aufrüstung stiegen die öffentlichen Ausgaben für die Wehrmacht von 23 % im Jahr 1933 auf 73 % im Jahr 1938. Im gleichen Zeitraum erhöhte sich die Zahl der Soldaten von 100.000 auf 760.000, wozu auch die am 16. März 1935 eingeführte Wehrpflicht beitrug. Bereits vor Beginn des Krieges 1939 vergrößerte das Deutsche Reich seine Einflusssphäre durch die Angliederung des Saarlandes, die Besetzung des Rheinlandes, Österreichs, des Sudetenlandes und später der Rest-Tschechoslowakei und der damit verbundenen Einrichtung des Protektorats Böhmen und Mähren sowie die Wiedereingliederung des Memellandes (das nach 1918 von den Alliierten Litauen zugeschlagen worden war).

Um das Unterlaufen des Versailler Vertrages zu verschleiern, wurde beim Waffen- und Munitionsbeschaffungsamt und beim Heereswaffenamt das so genannte Montan-Schema angewendet. Hierbei trat das Deutsche Reich über scheinbar nichtstaatliche Akteure im Wirtschafts- und Rechtsverkehr auf. So fungierte die Verwertungsgesellschaft für Montanindustrie GmbH – kurz Montan – als Verpächterin von heereseigenen Industriebetrieben. Neben der Entwicklung und Fertigung von Waffen, Waffensystemen und Munition und deren Lagerung wurde planmäßig auch die Versorgung mit militärischer Ausrüstung und Verpflegung intensiviert. Im Verlauf des Krieges kamen in der gesamten Kriegswirtschaft des Deutschen Reiches verstärkt Fremdarbeiter, Kriegsgefangene und auch KZ-Häftlinge zum Einsatz, von denen viele den Krieg nicht überlebten.

3.1. Heeresbekleidungsämter

Heeresbekleidungsämter dienten der Herstellung, Instandsetzung und Lagerung von Uniformen und militärischer Ausrüstung. Im Zuge der forcierten Aufrüstung in den 1930er-Jahren und dem damit verbundenen personellen Aufwuchs erhöhte sich auch der Bedarf an Militärbekleidung und -zubehör erheblich. Der damit einhergehende gesteigerte Raumbedarf führte zur Erweiterung oder dem Neubau entsprechender Einrichtungen im gesamten Reichsgebiet.

3.1.1. Heeresbekleidungsamt Bernau

ehem. Hauptamt
Schwanebecker Chaussee 6, 16321 Bernau
GPS: 52°40'1.43"N 13°34'39.47"E
ehem. Nebenamt (heute Vitalquartier PankeBogen)
Am Panke-Park, 16321 Bernau
GPS: 52°40'52.49"N 13°36'24.45"E

Die angesprochenen Entwicklungen erforderten auch vom Berliner Heeresbekleidungsamt eine Erweiterung seiner Kapazitäten. Aus diesem Grund wurde in den

Jahren 1938 bis 1942 das Heeresbekleidungsamt Bernau erbaut. Es bestand aus zwei separaten Bereichen: dem Hauptamt an der Schwanebecker Chaussee und dem Nebenamt am Schönfelder Weg. Eine erste Nutzung erfolgte bereits 1941, bevor nach der vollständigen Fertigstellung der Bernauer Liegenschaften im Folgejahr das Berliner Heeresbekleidungsamt mit seinen 1300 Mitarbeitern seinen Sitz nach Bernau verlegte.

Aufgabe des Heeresbekleidungsamtes Bernau war die Produktion, Lagerung und Verteilung militärischer Ausrüstungsgegenstände, und zwar – entgegen seiner Bezeichnung – auch für Kriegsmarine und Luftwaffe.

Das Areal des Heeresbekleidungshauptamtes hatte eine Größe von etwa 21 Hektar. Auf dem Gelände befanden sich, in weitgehend symmetrischer Bauweise, das zurückgesetzte Hauptgebäude mit der Verwaltung des Heeresbekleidungsamtes, zwei seitliche Riegelbauten und zwei seitlich versetzte, dahinter liegende dreiflügelige Magazingebäude (das nördliche ist heute nicht mehr vorhanden), ein Saalbau (2019 abgerissen, nach einem Brand ruinös) und zwei Wachhäuschen an der Hauptzufahrt. Die Sichtachse von der Zufahrt zum 235 m langen Hauptgebäude wird dominiert von einem 90 m langen Wasserbecken mit flankierenden Fichtenreihen, die erst 1945 gepflanzt wurden. Überdachte Gänge im ersten Obergeschoss verbanden die Magazingebäude mit dem Hauptgebäude sowie den seitlichen Riegelbauten. Auf der gegenüberliegenden Seite der Schwanebecker Chaussee sollte ursprünglich eine Wohnanlage für die Beschäftigten gebaut werden, die aber nicht realisiert wurde. Das zentrale Hauptgebäude, mit fünf Geschossen in seinem Mittelrisalit und drei Geschossen in den seitlichen Flügeln, dominiert das Hauptamt. Beide Teile des Heeresbekleidungsamtes besaßen Gleisanschlüsse.

Die acht lang gestreckten zweistöckigen, verklinkerten Bauten des Nebenamtes wurden, wie die des Hauptamtes, in moderner Stahlbeton-Skelettbauweise errichtet. Sie waren in einem Bogen hintereinander angelegt und über den Keller und überdachte oberirdische Verbindungsgänge miteinander verbunden. Wie auch im Hauptamt

Hauptgebäude des Hauptamtes in Bernau, 2012.

sorgten hier große Fenster für günstige Lichtverhältnisse. Die großzügigen Dachböden des Heeresbekleidungsamtes unter den steilen Walmdächern aus freitragenden Stahlbetonbindern boten zusätzliche Lagerflächen. Die massive Stahlbetonausführung der Dächer bot Schutz vor Brandbomben bei möglichen Luftangriffen. Große Fahrstühle im Inneren erleichterten den Umschlag des Materials. Die Nutzfläche der Gebäude im Nebenamt betrug etwa 65.000 Quadratmeter.

Nach dem Krieg nutzte die sowjetische Armee die beiden Areale. Das ehemalige Hauptamt wurde zur Kaserne eines Panzerregiments, womit eine erhebliche Erweiterung des Geländes auf 41 Hektar verbunden war. Es wurden Unterstell- und Werkstatthallen, Rampen, Tank- und Öl-Lager errichtet. Neue Flächen im Westen dienten der Lebensmittelversorgung. Gewächshäuser, Lebensmittellager und Schweineställe wurden gebaut sowie Flächen für den Gemüse- und Obstanbau angelegt. Dazu kam auch noch ein Heizhaus. Das ehemalige Nebenamt fungierte als zentrale Sammelstelle für Reparationsgüter der »Gruppe der Sowjetischen Streitkräfte in Deutschland« und später, bis zu ihrem Abzug aus Deutschland, zusammen mit dem früheren Hauptamt als zentrales Nachschub- und Versorgungsdepot zur Lagerung von Uniformen und Zubehör. Weitere Hauptaufgaben waren die Reparatur von Uniformen und Uniformteilen und ihre chemische Reinigung in einer hierfür eingerichteten Großwäscherei. Auf dem Gelände befanden sich darüber hinaus eine Transporteinheit, der Stab des zentralen Versorgungsdepots und eine zentrale Feldpostverteilerstelle. Zusätzlich zum Depot war im früheren Nebenamt eine Nachschubbrigade des sowjetischen Verteidigungsministeriums stationiert. Nach Jahren des Leerstands wird seit 2015 im Rahmen eines Konversionsprojektes der Bereich des ehemaligen Nebenamtes durch einen privaten Investor zu einem attraktiven Wohnpark umgestaltet, der Bereich des Hauptamtes soll folgen.

Hauptgebäude des Hauptamtes in Bernau, 2012.

Magazingebäude mit Verbindungsgang vom Hauptgebäude des Hauptamtes, 2012.

Luftbild des ehemaligen Heeresbekleidungsamtes Bernau, 2017.

Großzügiges Dachgeschoss mit Stahlbetondecke im Nebenamt, 2015.

Zweigeteilte Panzertüren eines Luftschutzkellers im Nebenamt (2015).

3.1.2. Heeresbekleidungsamt Marburg

Neue Kasseler Str. 62, 35039 Marburg
GPS: 50°49'46.71"N 8°46'21.16"E

Das E-förmige Gebäude wurde 1938 ursprünglich als Bekleidungsamt des Reichsarbeitsdienstes errichtet und wird über sieben Eingänge und Treppenhäuser erschlossen. Es besitzt eine Fläche von 15.000 Quadratmetern. Zu Beginn des Krieges übernahm es das Heer als Kriegsbekleidungsamt. Spätestens im Oktober 1939 wurde es in Heeresbekleidungsamt umbenannt bzw. umgewandelt. Hauptaufgabe war auch hier die Produktion, Lagerung und Verteilung militärischer Ausrüstungsgegenstände. Für die Arbeiten wurden im Verlauf des Krieges auch Fremdarbeiter eingesetzt. In einem Interview berichtete die Tochter einer dort zwischen 1941 und 1945 eingesetzten polnischen Zwangsarbeiterin, dass ihre Mutter häufig alte blutige Uniformen reinigen, flicken und verpacken musste, bevor diese wieder an die Front versandt wurden. Es handelte sich um eine harte Arbeit, die ihre Spuren hinterließ. Später musste sie in der Sortierungsanlage arbeiten, in der bereits gereinigte Bekleidung versandfertig gemacht wurde. Die polnischen, französischen und sowjetischen Arbeiter und Arbeiterinnen waren im Barackenlager »Bürgerwiese« untergebracht. Von September 1939 bis zum Frühjahr 1945 befand sich die Verwaltung des Heeresbekleidungsamtes Marburg in der Festhalle Bürgerwiese. Trotz mehrerer Bombenangriffe auf die Stadt Marburg wurde das Heeresbekleidungsamt nicht in Mitleidenschaft gezogen. Nach Kriegsende übernahm die U.S. Army die Liegenschaft und nutzte sie in den ersten Jahren für Instandsetzungsarbeiten an militärischem Gerät, vom leichten Geschütz bis hin zur Gulaschkanone. In den 1950er-Jahren erfolgte eine Umnutzung zu einer Wäscherei. Bereits in den 1980er-Jahren reduzierte die U.S. Army die Nutzung immer mehr. Nach der vollständigen Räumung übernahm die Bundesvermögensverwaltung das Areal, welches später an einen privaten Investor veräußert wurde. Die Bezeichnung änderte sich zu »Forum Marburg«. Das Gebäude wurde in den Jahren 2000/2001 komplett kernsaniert und fungiert heute als repräsentatives Bürogebäude.

Seitenansicht des Heeresbekleidungsamts Marburg, 2015.

Vorderseite mit Uhrenturm des Heeresbekleidungsamts Marburg, 2015.

3.2. Heeresverpflegungsämter

Bei der Betrachtung der Wiederaufrüstung wird sich häufig stark auf Waffen bzw. Waffensysteme, Munition und militärische Ausrüstung fokussiert, obwohl auch die Versorgung der Truppen mit Nahrungsmitteln eine entscheidende Bedeutung hatte, bei dem das Streben nach Autarkie ebenfalls eine wichtige Rolle spielte. Hierfür wurden Ende der 1930er-Jahre flächendeckend Heeresverpflegungsämter im Deutschen Reich nach einheitlichen Bauplänen errichtet. Bis 1944 war ihre Anzahl auf über 200 angewachsen. Grundlage für die intensive Bautätigkeit war der Vierjahresplan, ein Maßnahmenkatalog, der, beginnend 1936, innerhalb von vier Jahren die wirtschaftliche und militärische Autarkie und verstärkte Aufrüstung erreichen sollte.

Hauptaufgabe der Heeresverpflegungsämter war die Beschaffung, Lagerung und Bewirtschaftung von Nahrungsmitteln für die Wehrmacht. Typischerweise bestanden diese Ämter aus mehreren Speichern zur Lagerung und Trocknung von Getreide sowie zur Lagerung von Gemüse- und Fleischkonserven und mehreren Rauhfutterscheunen, in denen Futter und Streu für Pferde gelagert wurden. Die Versorgung von Menschen und Tieren stand in Friedens- und Kriegszeiten im Mittelpunkt. Vielfach befand sich auf dem Areal auch eine Heeresbäckerei, in der Kommissbrot gebacken wurde. Ein Verwaltungsgebäude und weitere kleinere Bauten wie Waaghaus, Trafostation, Tankstelle, Garagen und Lokschuppen komplettierten das Gebäudeensemble.

Heeresverpflegungshauptämter verfügten im Gegensatz zu den gewöhnlichen Heeresverpflegungsämtern über einen eigenen Ankaufbezirk für Getreide. Die Anlagen waren infrastrukturell gut angebunden, mindestens per Straße und Schiene, wo immer möglich zusätzlich über den Wasserweg. Die Heeresverpflegungsämter befanden sich mehrheitlich außerhalb der Städte, zum einen wegen der benötigten großen und günstig gelegenen Grundstücke, zum anderen aus Gründen des Brandschutzes. Die markanten Speichergebäude wurden als Reichstypenspeicher in weitgehend einheitlicher genormter Bauweise errichtet. Grundsätzlich wurden zwei Typen von Speichern gebaut, Bodenspeicher und Silospeicher, die auch als Zellen- oder Schachtspeicher bezeichnet werden können. Beide Typen finden sich in jedem Heeresverpflegungsamt. Alle Speicher besaßen an den Längsseiten im Erdgeschoss Rampen mit direkter Schienenanbindung für die An- und Ablieferung. In jedem Speicher konnten bis zu 5000 Tonnen Getreide untergebracht werden. In den Bodenspeichern lagerte das Getreide direkt auf den Geschossböden, während es in den Silospeichern in senkrechte Silokammern eingebracht wurde. Während in den Silospeichern ausschließlich Getreide bevorratet werden konnte, gab es in den Bodenspeichern auch die Möglichkeit zur Lagerung von jeglichem Schütt- und Stückgut. Für eine ausreichende Belüftung des gelagerten Getreides in den Bodenspeichern sorgten jeweils 96 Fenster mit integrierten beweglichen Lamellen auf vier Etagen jeder Längsseite der Bauwerke. Die Silospeicher hingegen besaßen am Boden der Silos Öffnungen für eine mechanische Zwangsbelüftung. Alle Speicher verfügten über die erforderlichen technischen Anlagen für die Befüllung und Entnahme des Lagergutes. Bodenspeicher wurden in Stahlbeton-Skelettbauweise gebaut, Silospeicher bestanden vollständig aus Stahlbeton. Alle Speicher waren mit schützenden Spitzdächern aus Stahlbeton mit einer Neigung von 45 Grad versehen, die mit Biberschwänzen gedeckt waren. Die Deckentragfähigkeit der Bodenspeicher wurde mit 1500 Kilogramm pro Quadratmeter angegeben. Vielfach besaßen sie Sackrutschen. Die Nutzfläche betrug bei den Bodenspeichern 4500 Quadratmeter. Bei der Getreidelagerung kamen Trennwände aus Holzbohlen in einem Stahlständerwerk zum Einsatz. Die Silospeicher verfügten über 36 Silokammern zur Kornspeicherung, die sich über mehrere Etagen erstreckten. Drei zusätzliche kleinere Speicherkammern dienten der Bearbeitung des Lagergutes und der Schädlingsbekämpfung. Über Treppen und Aufzüge konnten die einzelnen Etagen der Speicher erreicht werden. Zusätzlich gab es eine Notleiter, die vom Dach bis zum Keller reichte. Beide Speichertypen verfügten über baugleiche Keller-, Erd- und Dachgeschosse. Unter dem Dach der Bodenspeicher befand sich der Kettenförderer zum Transport bzw. der Verteilung des Getreides. Auch in den Silospeichern erfolgte die Befüllung im Dachgeschoss und die Entnahme im Erdgeschoss.

3.2.1. Heeresverpflegungsamt Naumburg

Schönburger Straße, 06618 Naumburg (Saale)
GPS: 51° 9'9.60"N 11°49'21.66"E

In der zweiten Hälfte der 1930er-Jahre wurden in Naumburg viele Militäreinrichtungen neu errichtet, zu ihnen gehörte auch das 1936 fertig gestellte Heeresverpflegungsamt, kurz HVA. 1937 erfolgte seine Anbindung an das Bahnnetz. Laut Detlef Belau bestand das Heeresverpflegungsamt aus neun Lagerhäusern, einer Kraftfahrzeughalle, einem Pferdestall mit offenen Wagenschuppen, zwei Familienhäusern, einem Verwaltungsgebäude, einem Unterkunftshaus mit Fernheizung, einem Brennmittelschuppen, einem Pförtnerhaus, einem Schuppen mit Packmitteln, drei Spritzenhäusern, drei unterirdischen Feuerlöschbehältern und einer Tanksäule mit Behältern für 5000 Liter.

Zu den neun Lagerhäusern werden vermutlich auch die später noch vorhandenen beiden Bodenspeicher und der Silospeicher gezählt. Bei den Speichern handelte es sich um massive Reichstypenspeicher. Zum Schutz vor Bomben waren die Speichergebäude mit massiven Stahlbetondächern versehen und besaßen im Keller Luftschutzräume. Im Krieg wurde inmitten des Areals ein Feuerlöschteich errichtet. Insbesondere die Bodenspeicher präsentierten sich auch später noch im ursprünglichen Aussehen. Bei der an einigen Stellen nachträglich auf den Putz aufgebrachten dunkleren Farbe könnte es sich um einen Tarnanstrich handeln, der im Krieg auf den markanten Gebäuden aufgebracht wurde. Das Heeresverpflegungsamt versorgte während des Zweiten Weltkrieges die Naumburger Garnison und möglicherweise weitere militärische Einrichtungen des damaligen Wehrkreises IV.

Gegen Ende des Krieges wurde Naumburg mehrfach das Ziel alliierter Luftangriffe. Bei Luftangriffen der United States Army Air Force am 9. April 1945, die dem benachbarten Heereszeugamt galten, trafen einige Bomben auch das Gelände des Heeresverpflegungsamtes, ohne dabei größere Schäden anzurichten. Bei einem der Luftangriffe auf Naumburg am 11. April 1945, der neben der Stadt wiederum dem Heereszeugamt galt, wurde auch das Heeresverpflegungsamt getroffen. Die massiven Speicher und weitere Gebäude überstanden aber Bomben und Krieg

Einer der Bodenspeicher des Heeresverpflegungsamts Naumburg, 2018.

AEG Bandschaltbild im Silospeicher, 2018.

und konnten später weitergenutzt werden. Nach den Angriffen am 11. April 1945 kam es im Heeresverpflegungsamt, in dessen Speichern große Mengen Getreide, Mehl, Nährmittel und Ölfrüchte lagerten, zu Plünderungen durch die Bevölkerung.

Am 12. April wurde Naumburg von US-Truppen eingenommen. Bis zum 23. Juni 1945 unterhielt die U.S. Army auf dem Gelände des Heeresverpflegungsamtes und der gegenüberliegenden Hindenburg-Kaserne ein Kriegsgefangenenlager. Am 2. Juli 1945 erfolgte der Besatzungswechsel und die Rote Armee übernahm die Stadt.

Zu DDR-Zeiten nutzte der VEB Getreidewirtschaft den Großteil der Gebäude des ehemaligen Heeresverpflegungsamtes. Die verbliebenen Gebäude wurden um weitere Bauten ergänzt. In einer Baracke auf dem Gelände war der »Volkseigene Erfassungs- und Aufkaufbetrieb« (VEAB) untergebracht.

Aufgekauft wurden tierische Produkte wie Tierfelle. Eine zweite Aufkaufstelle befand sich beim Schlachthof Naumburg in der Roßbacher Straße. Nach Jahren des Leerstands erfolgte 2019 der Abriss der drei Getreidespeicher sowie weiterer Lagerhallen und Gebäude, um für den Bau eines Bildungscampus und einer Eigenheimsiedlung Platz zu schaffen.

Kettenförderer unter dem Stahlbetondach eines Bodenspeichers, 2011.

Silospeicher, 2011.

3.2.2. Heeresverpflegungsamt Schönebeck (Elbe)

Burgwall, 39218 Schönebeck (Elbe)
GPS: 52° 2'24.55"N 11°42'18.21"E

Mit sieben auch heute noch erhaltenen Speichergebäuden war das südlich von Magdeburg am Elbhafen von Frohse errichtete Heeresverpflegungsamt eines der größten seiner Art. Parallel zur Elbe sind in einer Reihe vier Silospeicher und dahinter in einer Reihe drei Bodenspeicher angeordnet. Auch in Schönebeck handelt es sich um bombensichere Reichstypenspeicher mit Stahlbetondächern.

Die ehemals vorhandenen Rauhfutterscheunen existieren nicht mehr. Das Heeresverpflegungsamt konnte per Schiene und Straße und über die Elbe auch auf dem Wasserweg erreicht werden. Die Nähe zu Magdeburg lässt eine Versorgung der dort stationierten Truppenteile vermuten. 1939 waren in Magdeburg ca. 20.000 Soldaten stationiert. Bei einem Bombenangriff am 29. April 1944 wurde der Speicher 3 getroffen. Abgesehen davon überstand das Heeresverpflegungsamt den Krieg weitgehend unbeschadet und wurde im Frühjahr 1945 zunächst von US-amerikanischen, später von englischen Truppen und schließlich von sowjetischen Truppen besetzt. 1956 erfolgte die Umnutzung zum VEB Kraftfuttermischwerk Frohse, Betrieb des VEB Getreidekombinats Magdeburg. Das Werk produzierte Kraftfutter für Tiere. Der vorhandene Gebäudebestand wurde zu DDR-Zeiten um weitere Bauten wie ein großes Heizhaus ergänzt. In den 1960er-Jahren wurden Teile der Transport- und Trocknungstechnik modernisiert. Ein Schwerpunkt des Werkes war in den 1970er-Jahren die prozessgesteuerte Pelletherstellung zur Beschleunigung der Abläufe in der Tierproduktion. 1992 stellte das Werk seine Produktion ein. 2018 präsentierte sich das Gelände komplett verlassen und keinerlei Nutzung war mehr zu erkennen.

Bodenspeicher (links) und Silospeicher (rechts), 2018.

Getreideverteilung im oberen Bereich eines Silospeichers, 2018.

Sackrutsche im Lagerbereich eines Bodenspeichers, 2018.

Notleiter eines Bodenspeichers, 2018.

3.3. Sprengstoff- und Munitionsfabriken

Zur Deckung des enormen Munitionsbedarfs im Rahmen der Wiederaufrüstung bzw. im Kriegsfall war eine Erhöhung bestehender Produktionskapazitäten erforderlich. Firmen aus dem Bereich der Pulver- und Sprengstoffindustrie schufen noch vor Kriegsbeginn umfangreiche Fabriken als reine Bereitschaftsanlagen, auch als Schatten-, Schlaf- bzw. Mobilmachungswerke bezeichnet, die ihre Produktion erst im Mobilmachungs- bzw. Kriegsfall aufnehmen sollten. Unabhängig von den ursprünglichen Planungen begannen die Werke bereits nach Fertigstellung wesentliche Teile zu produzieren. Die an 31 Standorten ab 1934 neu errichteten Werke folgten einem einheitlichen Standard, der von renommierten, mit der Planung beauftragten Ingenieurbüros entwickelt wurde. Sie ähnelten sich deshalb stark hinsichtlich der Standortwahl, der Bauweise und der durchgeführten Tarnmaßnahmen. In die Planungen wurden bekannte deutsche Firmen mit einbezogen, die vor 1933 zu den Geldgebern der NSDAP gehört hatten und deshalb bei der Auftragsvergabe bevorzugt wurden. Der Bau aller Werke erfolgte unter strenger Geheimhaltung. Bei der Errichtung der Werke kam das Montan-Schema – auch Rüstungsviereck genannt – zur Anwendung.

Das Oberkommando des Heeres (OKH) beauftragte ein Unternehmen der Privatindustrie, die so genannte »Muttergesellschaft« (z. B. die Dynamit Nobel AG (DAG)), mit der Errichtung *einer* Rüstungsfabrik auf einem von der Montan für das Deutsche Reich erworbenen Gelände. Das OKH und die Muttergesellschaft schlossen einen Mantelvertrag ab. Zwischen der Montan und einer von der Muttergesellschaft gegründeten Tochtergesellschaft – der so genannten Betreiberfirma oder Betriebstreuhänderin (wie z. B. der Verwertchemie) – wurde ein Pachtvertrag geschlossen. Bei der Montan handelte es sich um eine Tarnfirma des Heereswaffenamtes. In den Werken der Verwertchemie lag der Anteil ausländischer Arbeitskräfte Anfang 1943 bei 48 Prozent.

Ehemaliges Schmelz- und Gießhaus im DAG-Werk »Allendorf« mit Tarnbewuchs auf dem Dach, 2020.

3.3.1 Sprengstoffwerke Stadtallendorf

Dokumentations- und Informationszentrum (DIZ) Stadtallendorf
Aufbauplatz 4, 35260 Stadtallendorf
GPS: 50°49'30.51"N 9° 0'49.46"E
https://www.diz-stadtallendorf.de/
Gedenkstätte KZ-Außenlager Münchmühle
Plausdorfer Weg 5, 35260 Stadtallendorf
GPS: 50°49'18.49"N 8°59'18.99"E

1937 wandte sich die Luftwaffe mit der Frage nach möglichen Standorten für Sprengstoffwerke im Landkreis Marburg an das Landratsamt. Anforderungen waren dabei Tarnmöglichkeiten, ausreichende Wasservorkommen, genügend Arbeitskräfte, Verkehrsanbindung und Platz für das Anlegen von Bunkern. Nach beiderseitigen Vorschlägen, die jeweils keine Einigung zur Folge hatten, konnte man sich auf einen Standort in der Gemarkung Herrenwald bei Allendorf einigen. Im Auftrag des OKH wurde dort ab 1938 durch die DAG und im Auftrag der Marine ab 1939 durch die Westfälisch-Anhaltinische Sprengstoff AG (WASAG) jeweils ein Sprengstoffwerk errichtet. Beide Firmen gehörten mehrheitlich zum I.G. Farben Konzern. Das ständig weiter ausgebaute und bis Ende des Krieges nicht vollständig fertig gestellte Werk »Allendorf« der DAG – Deckname Barbara I – bestand zuletzt aus 413 Betonbauten, 168 davon Produktionsgebäude. Die Kernelemente des Werkes waren vier Produktionsgruppen für den Sprengstoff Trinitrotoluol (TNT), zwei Anlagengruppen zur Säurerückgewinnung (Denitrierung), vier Anlagengruppen zur Hochkonzentrierung von Schwefelsäure sowie zwei Säurespaltanlagen (eine bis Kriegsende noch nicht fertig gestellt). In zwei Granatenfüllstellen und drei Bombenfüllstellen (zwei davon nur im Probebetrieb) wurde ein Teil des im Werk produzierten TNT in Verbindung mit anderen Spreng- und Ersatzstoffen in Bomben und Granaten gefüllt. Fertigzustellende Munition wurde mit der Bahn an die Heeres- und Luftwaffen-Munitionsanstalten geliefert. Die Aufbereitung von fehlerhafter Munition oder Blindgängern wurde in vier Delaborierungsanlagen durchgeführt. Die Umgebung der Gebäude mit schützenden Erdwällen, die bis zum Dachfirst reichten, erdüberdeckten Verbindungsgängen und bepflanzten Dächern ließ den Eindruck einer unterirdischen Fabrik entstehen, was faktisch nicht der Fall war. Die Maßnahmen dienten der Verhinderung von Kettenreaktionen bei möglichen Explosionen bzw. zu Tarnzwecken. Errichtet wurde das DAG-Werk, wie auch später das WASAG-Werk, vom Reichsarbeitsdienst sowie Kriegsgefangenen und Fremdarbeitern auf einer Fläche von 530 Hektar. Betrieben wurde es von der Gesellschaft m.b.H. zur Verwertung chemischer Erzeugnisse, kurz Verwertchemie, einer Tochter der DAG. Bauherr und Eigentümer war die reichseigene Verwertungsgesellschaft für Montan-Industrie mbH. Von 1941 bis Kriegsende wurden für das Heer im DAG-Werk über 125.000 t TNT hergestellt und ca. 30.000 t verschiedene Sprengstoffe in Granaten und Bomben gefüllt. Hierbei handelte es sich überwiegend um 10,5-, 15- und 15,2-cm-Granaten sowie schwere Splitter- und Minenbomben sowie Lasträume für den Marschflugkörper Fieseler Fi 103, meist besser bekannt als V1. 1944 wurden mit einem monatlichen Mittel von 3300 bis 5343 t in der Spitze über 25 % der gesamten deutschen TNT-Produktion im DAG-Werk Allendorf hergestellt.

1939 wurde das benachbarte WASAG-Werk »Herrenwald« – Deckname Barbara II – errichtet. Hierzu wurden das Schienennetz sowie der Güter- und Personenbahnhof ausgebaut. Den Schwerpunkt des Werkes bildeten vier Füllstellen, die jeweils aus 26 Gebäuden bestanden. Bis Herbst 1942 waren drei Füllstellen in Betrieb gegangen, eine war zu einer Delaborierungsanlage umfunktioniert worden. Im WASAG-Werk wurde hauptsächlich Munition für die Marine gefertigt, vor allem Seeminen, Torpedoköpfe und Seezielbomben von bis zu 2500 kg Gewicht. Das benötigte TNT wurde aus dem benachbarten DAG-Werk bezogen. Die WASAG fertigte mit Hexanitrodiphenylamin (Hexa) einen speziellen Unterwasserspreng-

Gedenkstätte Lager Münchmühle, 2020.

stoff nach einem ein- und zweistufigen Verfahren. Mit monatlich 400 t umfasste die Produktionskapazität 50 % der deutschen Gesamtproduktion, bei voller Leistung wurden aber real nur 180 t monatlich produziert. Insgesamt sollen ca. 4000 bis 5000 t Hexa hergestellt worden sein. Von den vier hierfür vorgesehenen Anlagen wurden während des Krieges nur zwei in Betrieb genommen, an den beiden anderen wurde bei Kriegsende noch gebaut.

Lagerbunker im Bereich des DAG-Werkes, 2020.

Ab 1944 wurde auch für Heer und Luftwaffe produziert. Neben Panzerfäusten und den Gefechtsköpfen der Fernwaffen Fieseler Fi 103 (V1) und Aggregat 4 (V2) wurden auch Hafthohlladungen zur Panzerabwehr hergestellt. Im Herbst 1944 wurde eine Anlage zur Herstellung von Marinezündern mit einer monatlichen Kapazität von 10.000 bis 12.000 Stück fertig gestellt.

Die beiden Sprengstoffwerke gehörten zu den größten und wichtigsten im Deutschen Reich. Die gefährliche Arbeit und unzureichende Schutzmaßnahmen bargen erhebliche Gesundheitsgefahren in sich und hatten auch immer wieder Unfälle zur Folge. Ende 1944 besaß das DAG-Werk eine Belegschaftsstärke von fast 5000 Personen, das WASAG-Werk beschäftigte etwa 1750 Personen. Die Arbeiter und Beschäftigten der DAG und WASAG wurden in zehn Lagern und sechs Siedlungen untergebracht. Zu ihnen gehörten tausende Kriegsgefangene und Fremdarbeiter. Als im Verlauf des Krieges der Arbeitskräftebedarf selbst durch diese Gruppen nicht mehr gedeckt werden konnte, wurden in dem 1940 für Fremdarbeiter errichteten und aus 26 Baracken bestehenden Lager Münchmühle in den Jahren 1944/1945 ca. 1000 zumeist ungarische, aber auch einige slowakische Jüdinnen im Alter von 13 bis 55 Jahren eines Außenkommandos des KZ Buchenwald untergebracht. Sie wurden zu Erdarbeiten, aber auch zum Abfüllen von Bomben und Granaten sowie in der Wäscherei, Schneiderei und der Landwirtschaft eingesetzt. Die Arbeits- und Lebensbedingungen waren katastrophal. Eine Gedenkstätte am ehemaligen Lagerstandort erinnert seit 1988 an sie.

Heute noch unzugängliche Reste des WASAG-Werkes, 2020.

Zum Schutz der Produktion wurden um die Sprengstoffwerke mehrere Flakstellungen errichtet sowie eine Flakbatterie im Ort Allendorf stationiert. Die Produktion der Werke wurde bis zum 28. März 1945, also bis kurz vor der Einnahme durch US-Truppen, aufrechterhalten.

Das frühere WASAG-Werk fungierte nach dem Krieg als zentraler Sammelpunkt für Munition in Hessen. Die in den Werken in Allendorf befindlichen Munitionsbestände wurden von Mitte 1947 bis Ende 1948 delaboriert bzw. vernichtet. Teile der Anlagen beider Werke wurden nach Kriegsende für Reparationen abgebaut und ca. 30 % der Gebäude gemäß den Beschlüssen der Potsdamer Konferenz zerstört. Die verbliebenen Gebäude wurden in eine zivile Nutzung überführt. Auf dem ehemaligen DAG-Areal etablierte sich eine Mischnutzung aus Industrie, Gewerbe und Wohnen. In dem 1938/1939 im Heimatstil erbauten repräsentativen ehemaligen Verwaltungsgebäude der DAG wurde 1994 eine Gedenkstätte für Zwangsarbeit eingeweiht. Große Teile des ehemaligen WASAG-Geländes werden seit 1959 von der Bundeswehr genutzt und sind für die Öffentlichkeit nicht zugänglich. Für die Artillerietruppe wurde die Herrenwald-Kaserne und für die Panzertruppe die Hessen-Kaserne gebaut. Die Schadstoffbelastung des Bodens und Grundwassers in Folge der Sprengstoffproduktion sowie durch Delaborierung, Demontage und Bautätigkeiten in der Nachkriegszeit wurde lange Zeit nicht beachtet, seit 1993 finden im Auftrag des Landes Hessen durch die HIM-ASG aufwendige Erkundungs-, Sanierungs- und Sicherungsarbeiten statt.

3.3.2 Sprengstofffabrik Hessisch Lichtenau

Industriegebiet Hirschhagen – Themenweg
Dieselstraße 6, 37235 Hessisch Lichtenau
GPS: 51°13'18.97"N 9°42'22.67"E (Tafel)
https://hirschhagen.de/themenweg/

Nach ersten Planungen im Jahr 1934 begann die DAG im Auftrag des OKH am 1. Januar 1936 mit dem Bau der »Friedland-Werke« (Tarnbezeichnung für die Sprengstofffabrik Hessisch Lichtenau in der Gemarkung »Hirschhagen«). Die Standortwahl erfolgte, weil das vorhandene ausgedehnte Waldgebiet gute Tarnung gegen Fliegersicht bot, das Gelände sich nicht in unmittelbarer Nähe einer Großstadt befand, es genügend Arbeitskräfte in der näheren Umgebung gab, eine günstige Verkehrsanbindung vorhanden war und die Wasser- und Energieversorgung gesichert erschien. Hauptbestandteile der Fabrik waren Anlagen zur Herstellung, Verarbeitung und Wiedergewinnung von Explosivstoffen, Metallverarbeitung und Energieversorgung sowie Füllstellen für Sprengstoffe. Für die Energieversorgung wurde eine Hängebahn errichtet, die das Werk mit der zwei Kilometer entfernten Kohlengrube Rommerode/Hirschberg verband. Die Baukosten, die das OKH übernahm, beliefen sich auf 100 Millionen Reichsmark. Die Sprengstofffabrik Hessisch Lichtenau wurde am 1. Juni 1938 an die Verwertchemie als Tochterfirma der DAG übergeben und von dieser im Auftrag der Montan in Betrieb genommen, während der weitere planmäßige Ausbau fortgesetzt wurde. Zum Ende des Krieges bestand die auf 233 Hektar Fläche erbaute und noch immer nicht vollständig fertig gestellte Fabrik aus 399 Gebäuden, die durch eine umfangreiche Infrastruktur miteinander verbunden waren. Zum Einsatz kamen auf der Schiene innerhalb des Werkes ausschließlich eigene Dampfspeicherloks und auf der Straße Elektrokarren. Zur damaligen Zeit war die Sprengstofffabrik Hessisch Lichtenau, nach den Sprengstoffwerken Allendorf, die zweitgrößte ihrer Art im Deutschen Reich. Bis auf die vollständig aus Beton gefertigten Sprengstofflager und Pressengebäude wurden alle Bauten in Stahlbeton-Skelettbauweise errichtet. Die Zwischenräume aus leichtem Mauerwerk zwischen den Betonsäulen sollten im Fall einer Explosion nachgeben und den Druck leicht entweichen lassen. Viele der Betondächer waren aus Tarnungsgründen bepflanzt und hatten eine unregelmäßige gezackte Form an den Kanten. 1938 und 1939 produzierte und verfüllte das Werk nur TNT. Die Monatsproduktion betrug im Mittel 750 t. Bis 1945 wurde eine Steigerung auf monatlich maximal 2000 t, im Mittel 1700 t, TNT erreicht, obwohl die Kapazität auf 3500 t TNT monatlich ausgelegt war. Insgesamt produzierte das Werk rund 135.000 t TNT. Neben TNT wurde ab 1939/1940 auch Trinitrophenol (TNP), auch Pikrinsäure genannt, hergestellt. Trinitrophenol wurde als Sprengladung für Granaten verwendet. Vom geplanten monatlichen Ausstoß von 250 t konnte, vor allem wegen des Fachkräftemangels, lediglich die Hälfte realisiert werden. Die Gesamtproduktionsmenge betrug etwa 7500 t. Eine ursprünglich geplante Nitropenta-Anlage, um im Werk Zündladungen herstellen zu können, wurde schon 1940 wegen der ungünstigen Personallage verworfen. In der 1942/1943 errichteten Kontakt- und Spaltanlage erfolgte die Säureaufbereitung nach einem neuartigen Verfahren für andere Sprengstoffwerke, an die die aufbereitete Nitriersäure zurückgeliefert wurde. Eine Zerstörung nur dieses Betriebsteils hätte die Funktionsfähigkeit anderer Werke massiv beeinträchtigt. Obwohl die Hirschhagener Fabrik von der britischen Royal Air Force bereits 1943 aufgeklärt war, wurde sie nicht angegriffen.

Die Zahl der Beschäftigten wuchs im Verlauf des Krieges auf 4400 Personen an. Zu ihnen gehörten Dienstverpflichtete, Zwangsarbeiter und Kriegsgefangene, die unter zum Teil unmenschlichen Bedingungen und nur unzureichend geschützt im Werk gefährliche Arbeiten durchführen mussten. Sie waren überwiegend in Lagern in der Umgebung der Fabrik untergebracht. Im Sommer 1944 wurden 1000 ungarische Jüdinnen aus dem KZ Auschwitz als Arbeitskommando des KZ Buchenwald zur Arbeit in der Sprengstofffabrik gezwungen. Sie hatten die schlechtesten Arbeits- und Lebensbedingungen. 206 von ihnen, die wegen der unmenschlichen Bedingungen

Materiallager und Reste Abnahmegebäude in Hessisch Lichtenau, 2013.

Kohlehochbunker in Hessisch Lichtenau, 2013.

Wachgebäude am Waldhofer Tor mit Tafel des Themenwegs Hirschhagen, 2013.

bereits nach sechs Wochen nicht mehr arbeitsfähig waren, wurden am 27. Oktober 1944 wieder zurück nach Auschwitz transportiert und dort vergast. Heute erinnert ein kleiner Gedenkort auf dem Gelände an sie.

Am 31. März 1944 kam es zu einer folgenschweren Explosion von 9,6 t Sprengstoff in der Füllstelle II. Hierbei wurden 71 Personen getötet und rund 60 verletzt, die Füllanlage wurde komplett zerstört. Während des Betriebes des Werkes kamen bei Unfällen etwa 200 Menschen ums Leben.

Am 29. März 1945 stellte die Fabrik ihre Arbeit ein. Sie wurde am 2. April 1945 durch US-Truppen unzerstört eingenommen. Im Juni 1945 wurden im Werk Akten der Reichsregierung eingelagert, Anfang 1946 kam es zur Rückverlagerung nach Berlin. 1946 erfolgten Demontagen der Maschinen und Anlagen. Die ursprüngliche Planung, das Werk durch Sprengung aller Gebäude für die Rüstungsproduktion unbrauchbar zu machen, wurde verworfen. Zerstört wurden nur alle Sprengstofflager, Pressen- und Produktionsgebäude. Die Angaben zur Gesamtzahl der gesprengten Gebäude schwanken zwischen 148 und 158. Die etwa 200 unbeschädigten Gebäude konnten einer neuen zivilen Nutzung zugeführt werden. In den Folgejahren entwickelte sich das Areal überwiegend zu einem Gewerbegebiet, dem Industriegebiet Hirschhagen, mit Wohnbebauung in den Randbereichen. Das rücksichtslose Agieren während der Produktion der Sprengstofffabrik und die schnellen unsachgemäßen Demontagen nach dem Krieg sorgten im Ergebnis für eine großflächige Vergiftung des Bodens und des Grundwassers. Von 1992 bis 2009 erfolgte eine aufwändige Sanierung des Areals, wobei die Grundwassersanierung noch nicht abgeschlossen ist.

Der 2010 geschaffene Themenweg Hirschhagen, mit seinen 17 über das Gelände verteilten Informationstafeln, vermittelt Interessierten die Geschichte der ehemaligen Sprengstofffabrik. Zusätzlich werden Führungen über das Areal angeboten.

Denitrierung, 2013.

3.3.3. Sprengstofffabrik Clausthal

ehem. Hauptzufahrt zum Werk
Altenauer Straße, 38678 Clausthal-Zellerfeld
GPS: 51°48'18.49"N 10°21'48.29"E
Gedenkstätte »Russenfriedhof«
An den Pfauenteichen, 38678 Clausthal-Zellerfeld
GPS: 51°48'4.06"N 10°21'44.76"E

Auf einem 1936 von der Montan erworbenen, 120 Hektar großen bewaldeten Gelände am östlichen Ortsrand von Clausthal-Zellerfeld errichtete die DAG im Auftrag der Montan ein Sprengstoffwerk. Die DAG hatte den Standort bereits 1934 als geeignet befunden und für den Bau einer Sprengstofffabrik vorgeschlagen. Für die Standortwahl waren wieder die Kriterien strategische und verkehrsgünstige Lage, Fachkräftepotenzial, natürliche Tarnung und gesicherte Wasserver- und Abwasserentsorgung entscheidend. Beim Bau des Werkes wurden, wie bei anderen Werken auch, wichtige Produktionsanlagen doppelt ausgeführt, um Produktionsausfälle durch Betriebsstörungen, Sabotage oder Luftangriffe möglichst zu verhindern. Gebaut wurden insgesamt 214 Gebäude überwiegend in Stahlbeton-Skelettbauweise mit dazwischen befindlichen Außenwänden aus sehr leichter Bimssteinfüllung. Diese Bauweise sollte im Fall von kleineren Explosionen den Druck schnell nach außen leiten, um die tragenden Strukturen selbst zu schützen. Die latente Explosionsgefahr war der Grund für die Aufteilung der Produktionsprozesse in einzelne Verfahrensschritte und jeweils Einzelgebäude für jede abgeschlossene Prozessstufe, was die hohe Anzahl der Gebäude erklärt. Besonders gefährdete Bereiche wurden zusätzlich mit schützenden hohen Erdwällen mit Betonkern umgeben. Auch in der Sprengstofffabrik Clausthal waren die Dächer mit einer 30 cm starken Erdschicht bedeckt, die aus Gründen der Tarnung mit Büschen und Bäumen bepflanzt war. Wie in Hessisch Lichtenau waren auch hier zusätzlich die Dachkanten gezackt ausgeführt. Um die Wirksamkeit der Tarnung zu überprüfen, soll das Werk regelmäßig durch Aufklärungsflugzeuge des Typs Fieseler Storch überflogen worden sein.

Turbinenhaus mit gezacktem Flachdach und Tarnbepflanzung, 2017.

Das Werk mit dem Decknamen »Werk Tanne« wurde am 1. Januar 1939 von der Verwertchemie übernommen. Am 1. April 1939 wurde die TNT-Produktion mit 252 Beschäftigten aufgenommen. Bereits im Folgejahr war der Personalbestand auf 1566 Arbeitskräfte angewachsen. Produziert wurde nach dem so genannten Deutschen Verfahren. Hierbei wurde Toluol zunächst zu Mononitrotoluol (MNT) einfach nitriert, welches dann von unerwünschten Nebenprodukten gereinigt wurde. Durch eine weitere Nitrierung entstand Dinitrotoluol (DNT), aus dem Roh-TNT gewonnen wurde. Dieses wurde dann noch mit verschiedenen Reagenzien gewaschen, um störende Verunreinigungen zu entfernen, und danach getrocknet. TNT, das nicht für die Weiterverarbeitung in Füllanlagen vor Ort vorgesehen war, wurde noch granuliert und verpackt. Der Produktionsausstoß betrug rund 800 t TNT monatlich. Durch eine Erweiterung der Fabrik im gleichen Jahr konnte die Leistung auf 1000 t gesteigert werden. Eine neu errichtete Füllstelle für Bomben, Minen und Granaten verarbeitete TNT, Nitrocellulose (NC) und Pikrinsäure, wobei nur das TNT im Werk selbst hergestellt wurde. Daneben wurde auch Sprengstoff aus Fehlchargen und Beutemunition aufbereitet. Die Fabrik entwickelte sich zu einem der größten Sprengstoff- und Munitionswerke des Deutschen Reiches. Bei einer Explosion der Trinitrierung am 6. Juni 1940 verloren 61 Menschen ihr Leben, 164 wurden verletzt, 30 davon schwer. Die Fabrik wurde schwer beschädigt. Nach dem Wiederaufbau produzierte das Sprengstoffwerk mit 2006 Beschäftigten 2100 t TNT monatlich. Im Geschäftsjahr 1943/1944 wurde mit insgesamt 27.910 t TNT bzw. 2325 t TNT im Monatsdurchschnitt der größte Ausstoß erreicht. Der teure Ausgangsstoff TNT wurde, wie bei vielen anderen Sprengstoffwerken auch, gegen Kriegsende durch das billigere Mononitrobenzol (MNB) ersetzt, welches zum toxischeren und reaktiveren Sprengstoff Dinitrobenzol (DNB) nitriert wurde. Die Belegschaft war mittlerweile auf eine Stärke von 2526 Beschäftigten angewachsen. Etwa die Hälfte der Arbeitskräfte waren Fremdarbeiter und Kriegsgefangene. Im Gegensatz zu den Sprengstoffwerken in Allendorf und Hessisch Lichtenau kamen in Clausthal-Zellerfeld keine KZ-Häftlinge zum Einsatz. Die Arbeits- und Lebensbedingungen, insbesondere der Osteuropäer, die im Werk Tanne zur Arbeit gezwungen wurden, waren vergleichbar mit denen von KZ-Häftlingen. Der größte Teil von ihnen kam ab Mitte 1943 aus der Sowjetunion.

Von Anfang an stellte die Entsorgung des in der TNT-Fertigung und Füllstelle anfallenden toxischen Abwassers ein großes Problem für das Clausthaler Werk dar, insbesondere wegen des Fehlens größerer Flüsse in der Nähe. Es wurden verschiedene Möglichkeiten getestet bzw. ein nicht unerheblicher Aufwand betrieben, ohne tatsächlich ein längerfristiges zufrieden stellendes Ergebnis zu erzielen. Durch die ständig gesteigerte Produktion musste auch immer mehr Abwasser entsorgt werden. Für die Kompensation entstandener Umweltschäden musste die Fabrik in Clausthal, wie auch die Werke in Allendorf und Hessisch Lichtenau, in den 1940er-Jahren erhebliche Mittel aufwenden.

Bei der schon beschriebenen Explosion der Trinitrierung 1940 wurde auch die natürliche Tarnung zerstört. Hinzu kam in den Folgejahren die Zerstörung der ehemals zahlreich vorhandenen Kiefern durch Säuredämpfe, Fäulnis und Holzschädlinge. Die fehlende Tarnung des Werkes durch schwere Vegetationsschäden, insbesondere im Bereich der Trinitrierung, und das gute Wetter begünstigten einen US-Luftangriff am 7. Oktober 1944, durch den 70 Gebäude unterschiedlich stark beschädigt wurden und die TNT-Produktion zum Erliegen kam. Neben dem Werk wurden vor allem die umliegenden Lager, aber auch die Stadt getroffen. Insgesamt waren mindestens 88

Erhaltener Spruch aus der Kriegszeit in einem Gebäude der Rauchbomben-Fertigung, 2017.

TNT-Labor, 2017.

Todesopfer zu beklagen, die Hälfte davon russische Aeiterinnen. In der NS-Presse fanden aber nur die 33 deutschen Toten Erwähnung. Nach der Wiederinbetriebnahme des Werkes war nur noch die Sprengstoffabfüllung und -aufbereitung möglich. Das zerstörte Leitungsnetz verhinderte die Wiederaufnahme der TNT-Produktion. Mit der Einnahme von Clausthal-Zellerfeld am 13. April 1945 durch US-Truppen stellte das Werk die Produktion ein. Am 1. Juni 1945 übernahm die britische Armee planmäßig Ort und Werk. Die Briten veranlassten, dass durch 209 ehemalige Beschäftigte ein Großteil der noch vorhandenen Anlagen des Werkes Tanne demontiert und die Gebäude der unmittelbaren Rüstungsproduktion gesprengt wurden. Hiervon verschonte Gebäude wurden enttarnt und einige von ihnen 1949 einer neuen zivilen Nutzung zugeführt. Der überwiegende Teil des Geländes war von 1960 bis 1993 an die Bundeswehr verpachtet, befindet sich heute in privatwirtschaftlichem Besitz und ist wegen des bestehenden Gefahrenpotenzials nicht öffentlich zugänglich.

Von 1978 bis 1980 wurden durch eine Spezialfirma 150 t Munition und oberflächige Sprengstoffreste geräumt. Wie bei anderen Werken dieser Art hatte die rücksichtslose Sprengstoffproduktion im Krieg auch in Clausthal-Zellerfeld massive negative Auswirkungen auf Boden, Wasser und Luft, was aufwändige und langwierige Sanierungsarbeiten erforderlich machte und macht.

Den Todesopfern unter den Zwangsarbeitern wird heute auf dem so genannten Russenfriedhof in der Nähe des ehemaligen Lagers »Untere Pfauenteiche« gedacht. In einem Massengrab wurden hier 137 Tote beerdigt, überwiegend sowjetische Zwangsarbeiterinnen, die während der Arbeit im Sprengstoffwerk oder beim Luftangriff 1944 ums Leben kamen.

Gesprengtes Gebäude der Säure-Denitrierung II, 2017.

al für die zivile Nutzung freigegeben. Einige Bunker dienen seitdem als Lager, andere beherbergen eine Champignonzucht. Doch ein Großteil der verbunkerten Gebäude steht heute leer. In einem Randbereich wurde 2007 eine der größten Paintball-Anlagen Europas eröffnet.

Da das Werk nicht sukzessive heruntergefahren, sondern kurz vor dem Eintreffen der Roten Armee einfach evakuiert worden war, befinden sich noch immer giftige und hochexplosive Rückstände in den unterirdischen Rohrleitungen. So sind nach 1945 zahlreiche Unglücke dokumentiert. Das schwerste ereignete sich im Frühjahr 2003, als eine polnische Studentengruppe die biologische Artenvielfalt im ehemaligen Sperrgebiet dokumentieren wollte. Bei der Erkundung eines ehemaligen Sammelbunkers fand man »seltsame« Rückstände, die explodierten, zwei Menschen in den Tod rissen und zwölf verletzten. Obwohl die Liegenschaft inzwischen von Munitionsresten beräumt wurde, sind chemische Rückstände noch immer vorhanden. Im Krieg gingen alle Bau- und Projektunterlagen des Rüstungswerkes verloren oder wurden vernichtet. Von einer Erkundung des Geländes auf eigene Faust ist dringend abzuraten.

Einer der Verladerampen inmitten des Waldes, 2019.

3.3.5. Deutsche Sprengchemie GmbH, Werk Forst-Scheuno

Brozek, 68-343 Zasieki, Polen
GPS: 51°42'38.5"N 14°42'37.2"E

Für den Nachschub mit kriegswichtigen Waffen und der entsprechenden Munition für die Wehrmacht wurden bereits vor und auch während des Krieges zahlreiche Rüstungsstandorte auf- und ausgebaut. Zwischen 1939 und 1941 entstand auf der östlichen Seite der Neiße bei Forst ein Rüstungswerk zur Produktion von Sprengstoff. Der gesamte Komplex war mehr als 600 Hektar groß und bestand aus etwa 400 massiven Gebäuden aus Stahlbeton. Außerdem wurden zwei riesige unterirdische Kraft- und Wasserwerke sowie mehr als 70 km an betonierten Straßen, 38 km Gleise und mehr als 60 km an Wasser- und Kanalisationsleitungen gebaut. Aus Sicherheitsgründen waren die Produktionsstätten im Wald verteilt, damit bei einer Havarie oder einem Unfall keine Kettenreaktion erfolgen konnte. Zusätzlich wurden aus Tarnungsgründen die Gebäude teilweise unterirdisch errichtet und die Dächer zumeist mit Bäumen und Sträuchern bepflanzt. Für die Produktion des so genannten rauchschwachen Pulvers und der anschließenden Weiterverarbeitung wurden neben dem deutschen Fachpersonal und zwangsverpflichteten Arbeitskräften, darunter viele junge Frauen, auch KZ-Häftlinge aus den Konzentrationslagern Groß-Rosen und Auschwitz eingesetzt. In der Phase der vollen Auslastung des Rüstungsbetriebes waren dies insgesamt bis zu 2.000 Personen. Monatlich wurden in diesem Werk 1500 Tonnen an Sprengstoffen hergestellt, so auch für die Sprengköpfe der Fi-103 und der Fernrakete Aggregat 4. Das Rüstungswerk besetzte die Rote Armee am 28. Februar 1945. In den folgenden Jahren wurden die Produktionseinrichtungen, nun auf polnischem Gebiet gelegen, demontiert und die Liegenschaft zuerst als Lager von Staatsreserven genutzt und später zum militärischen Sperr- und Übungsgebiet erklärt. Ab 1960 wurde das Are-

Übersicht der Werke der Firma Deutschen Sprengchemie GmbH:

Stadt	Tarnname	Produkt
Dannenwalde	Eiche	
Dreetz	Aue	POL-Pulver, Sprengöle
Elsnig bei Torgau	Amsel, Drossel, zusammen auch Vogelgesang	TNT, Hexyl, Hexogen
Falkenhagen	Seewerk	N-Stoff, Sarin
Forst-Scheuno	Wald	POL-Pulver, Sprengöle
Geretsried	Tal II	Granaten-Füllstelle, Kleinmunition-Füllstelle für benachbartes DAG-Werk Tal I, labormäßigen Entwicklung neuer Sprengstoffe und Treibsätze für Feststoffraketen
Klietz	Jerichow (Werk I), Bismarck (Werk III)	POL-Pulver, DEGN-Pulver, Ngl-Pulver, Sprengöle
Kraiburg	Fichte I	POL-Pulver, Nigu-Pulver, Sprengöle
Oderberg	Damm II	POL-Pulver, Treibsätze für Do- und V-Waffen, Sprengöle
Pionki		NC, NC-Pulver, Sprengöle
Torgelow	See II	POL-Pulver, Sprengöle

Das Rüstungswerk in Forst-Scheuno wurde durch zwei halbunterirdische Kraftwerke mit Elektrizität versorgt, 2019.

Blick in eines der entkernten Gebäude des Rüstungswerkes, 2019.

Interessierte Besucher vor einem der Produktionsbunker, 2019.

3.3.6. Gesellschaft m.b.H. zur Verwertung chemischer Erzeugnisse, Christianstadt

Pocztowa, 66-010 Nowogród Bobrzański, Polen
GPS: 51°48'18.0"N 15°11'12.9"E

Neben den Standorten der Sprengchemie wurden in nicht weit entfernten Arealen Weiterverarbeitungsbetriebe aufgebaut. Dadurch sollten alle notwendigen Prozesse effektiv umgesetzt werden.

Nur 40 km östlich des Werkes in Forst-Scheuno erinnern auch heute noch zahlreiche Ruinen im Wald bei Nowogród Bobrzański (Naumburg am Bober) an ein weiteres Rüstungswerk. Diese Fabrik war eines der größten Sprengstoffwerke Europas, wo mehrere tausend Fremdarbeiter und KZ-Häftlinge eingesetzt wurden. Ein Teil der ursprünglichen Industrieanlagen wird noch heute vom polnischen Militär als Depot von militärischen Fahrzeugen und Instandsetzungswerk nachgenutzt und ist nicht zu betreten.

Weitere Teile liegen noch heute teils unter- und oberirdisch versteckt im Wald. Ein unbedarftes Betreten ist nicht zu empfehlen. Es bleibt zu wünschen, dass Abschnitte des Areals als Gedenk- und Erinnerungsort hergerichtet werden. Ein Rad- und Wanderweg führt bisweilen ohne Hinweise auf das Werk und an seine Geschichte quer durch das Areal.

Ruine eines einstigen Fabrikationsgebäudes der Verwertchemie, 2012.

Übersicht von der Verwertchemie betriebenen Werke:

Stadt	Werk	Tarnname	Produkt
Aschau am Inn	Aschau	Fichte I	NC
Bobingen	Bobingen	Fasan	Hexogen
Clausthal-Zellerfeld	Clausthal-Zellerfeld	Tanne	TNT
Döberitz	Döberitz-Gapel	Havel	Hexogen; Hexamin
Dömitz	Dömitz	Reuter	TNT, TNP
Ebenhausen-Werk	Ebenhausen		NC, NC-Pulver, POL-Pulver (ab 1944)
Gartenberg	Wolfratshausen	Tal I	PETN, Hexogen, Pikrinsäure (im Bau), Initialsprengsstoffe, Zündmittel (Sprengkapseln)
Glöwen	Glöwen		NC, Zündhütchen
Grünberg	Grünberg	Textil	Zündmittel (Zündkapseln, Außenkapseln, Innenhülsen)
Güsen	Güsen	Wiese	NC, NC-Pulver, TNT, Trinitroanisol
Herzberg	Herzberg	Kiefer	Tellerminen, Granaten
Hirschhagen	Hessisch Lichtenau	Friedland	TNT, TNP, PETN, Zünd- und Übertragungsladungen
Hohensaaten	Hohensaaten	Damm I	NC, Nitroguanidin
Kaufering	Kaufering		NC
Krzystkowice	Christianstadt	Ulme	Hexogen, NC, MAN-Salz, Nitrogunidin, Formaldehyd, Hexamin, Myrol, Tetrasalz
Kuchelna	Kuchelna		Granaten
Ludwigsdorf			Kleinmunition
Łęgnowo	Bromberg	Torf	POL-Pulver, NC, DNB, TNT, Dinitrobenzol-Pulver, Sprengöle
Malchow	Malchow	Albion	PETN, Hexogen, Pikrinsäure, Initialsprengstoffe, Zündmittel (Sprengkapseln, Zündpillen, Knallzünder, Zündladungen)
Mallmitz	Mallmitz		Kleinmunition
München	München		Zeitzünder
Neugablonz	Kaufbeuren		NC-Pulver, Kleinmunition
Petersdorf	Petersdorf		(Granaten-Füllstelle)
Premnitz	Premnitz		(Ammonal-Füllstelle, Spezial-Füllstelle, Presserei)
Saporischschja	Saporischschja		(Magnesiumwerk)
Stadtallendorf	Allendorf	Barbara I	TNT
Ueckermünde	Ueckermünde	See I	Hexogen (Versuchsanlage), NC, POL-Pulver, Nitroguanidin, Ammonal
Ulmerfeld-Hausmening	Ulmerfeld-Hausmening		
Welboth/ Hertine	Welboth/ Hertine		Sprengbomben SD 70, SC 250, SC 500, Gefechtsköpfe Fi 103

TNT: Sprengstoffe Trinitrotoluol, **TNP:** Pikrinsäure, **PETN:** Nitropenta, **DNB:** Hexogen und Dinitrobenzol, **NC:** Nitrocellulose und **POL:** Pulver ohne organische Lösemittel. Angaben in Klammern in Spalte »Produkt" bedeuten, dass hier nur Fertigungs-Anlagen ermittelt werden konnten).

Etwa 50 Gebäude sind bis in die Gegenwart erhalten, 2012.

Rampe in einem Teilbereich des einstigen Kraftwerkes, 2012.

Nebengebäude des ehemaligen Kraftwerkes, 2012.

3.3.7. Gesellschaft m.b.H. zur Verwertung chemischer Erzeugnisse, Bromberg

Alfreda Nobla, 85-001 Bydgoszcz, Polen
GPS: 53°04'15.0"N 18°04'26.4"E

Gefundene Gegenstände der Mitarbeiter und Häftlinge, 2015.

Modell eines der Fabrikationsbunker, 2015.

Nur ein Bruchteil der Gebäude wird heute museal genutzt, 2015.

In der Bromberger Heide wurde zwischen 1939–1945 eine weiteres riesiges Rüstungswerk unterhalten. Der von Fremdarbeitern errichtete Komplex diente der Herstellung unter anderem von Schießpulver und Munition. Auf einem Areal von 23 Quadratkilometern wurden bis Ende 1944 mehr als tausend Gebäude, 400 km Straßen und 40 km Eisenbahnschienen errichtet. Neben den Produktionsgebäuden zählten Einrichtungen der Elektro-, Heizungs-, Wasser- und Abwasserinfrastruktur und daneben Labors, Werkstätten, Feuerwehrgebäude, medizinische Einrichtungen und Verwaltungs- und Versorgungsgebäuden. Der Betrieb wurde in zwei Areale unterteilt. Zahlreiche Gebäude in den Produktionsbereichen waren mit unterirdischen Tunneln miteinander verbunden.

In dem westlichen Teil erfolgten die Nitrocellulose-Produktion sowie die Produktion des rauchlosen Pulvers, so genanntes POL-Pulver. Daneben waren ein Gelände für ballistische Versuche und die Herstellung von Nitroglycerin angeschlossen. Die östliche Zone bestand aus dem Betrieb zur Herstellung von Trinitrotoluol und Dinitrobenzol. Über eine benachbarte Füllstelle erfolgte direkt die vollständige Munitionsherstellung zur Befüllung von Fliegerbomben, Artilleriegranaten und Schießpulverzünder.

Die Fertigung des Schießpulvers konnte im Juli 1942 aufgenommen und systematisch gesteigert werden. 1944 wurden insgesamt 13.700 Tonnen allein von diesem Material hergestellt. Die Produktion von Nitrocellulose wurde erst 1943 aufgenommen. Die Produktion von Trinitrotoluol begann erst im Januar 1945, später wurde auch die Produktion von Nitroglycerin in der NGL-Zone aufgenommen.

Der Aufbau der gesamten Anlage und der spätere Betrieb konnte nur durch 40.000 Zwangsarbeiter erfolgen.

Ende Januar 1945 erreichten sowjetische Truppen die Anlagen in der Bromberger Heide. Die gesamten technischen Anlagen wurden demontiert und in die Sowjetunion transportiert. Anschließend übergaben die Sowjets den Komplex an die Polen.

Einige Gebäude stehen seit dem Ende des Krieges leer. Andere Einrichtungen wurden als Produktionsanlagen oder Lager genutzt. Seit 2008 dokumentiert auf einem kleinen Teil des Geländes ein Museum die Geschichte des einstigen Rüstungsunternehmens.

Unterirdische Gänge des Exploseums, 2015.

3.4. Munitionsanstalten

Ab Mitte 1935 begann der verstärkte Auf- und Ausbau von Munitionsanstalten, wobei die Umsetzung individuell für die drei Wehrmachtteile Heer, Luftwaffe und Kriegsmarine erfolgte. Die Masse der Munitionsanstalten wurde oberirdisch angelegt, etwa zehn in stillgelegten Kalibergwerken unterirdisch. Das Heer verfügte im Deutschen Reich und den besetzten Gebieten über 103 Heeres-Munitionsanstalten (H.Ma.) und 130 Heeres-Nebenmunitionsanstalten (H.N.Ma.). Sie unterstanden den Wehrkreiskommandos und waren für alle bei den Heeres-Feldzeugdienststellen vorkommenden Munitionsarbeiten bestimmt. Hierzu gehörte auch die Lagerung fertig gestellter bzw. vorhandener Munition bis zur Abgabe an die Truppe. Eine weitere Hauptaufgabe der Munitionsanstalten war gemäß H.Dv. 454/1 die Aufbewahrung der für die Munitionsarbeiten erforderlichen scharfen und unscharfen Munitionsteile, Werkstoffe, Munitions- und Betriebsgeräte, Betriebsstoffe, Packmittel sowie des Nebelgerätes und der Nebelmittel. Heeres-Munitionsanstalten gliederten sich in Wohngebiet, Verwaltungsgebiet, Arbeitsgebiet und Munitionslager. Bei der Wahl des jeweiligen Standortes mussten verschiedene Auflagen beachtet werden. Bevorzugt sollten die Heeres-Munitionsanstalten in – nicht hochwassergefährdeten – Laub- und Mischwäldern errichtet werden, um durch die dichten Baumkronen eine Tarnung vor Fliegersicht zu gewährleisten und die Kraft möglicher Explosionen durch die Bäume zu hemmen. Trink- und Feuerlöschwasser sollte ausreichend vorhanden sein, ebenso eine gute infrastrukturelle Anbindung (Eisenbahn und Straße). Im Rahmen der Errichtung mussten diverse Schutzmaßnahmen umgesetzt werden, um die Munitionsanstalten vor einer möglichen Zerstörung durch Brände, Explosionen und Fliegerangriffe zu bewahren. Für das Anfertigen von Munition mussten im Arbeitsgebiet Gebäude für das Blindladen und Scharfladen der Geschosse, für das Anfertigen von Kartuschen, Patronen und Zielfeuern (zur Darstellung von Mündungsfeuer), für das Reinigen von Kartusch- und Patronenhülsen, ferner eine Nebelfüllstelle und weitere Munitionshäuser nach Bedarf errichtet werden. Zusätzlich sollten separate Gebäude oder Räume für das Fertigstellen der Munition zum Versenden, Lagerräume für Munitionsgeräte, unscharfe Munitionsteile, Packgefäße, Feuerlöschgeräte, Betriebsstoffe, Farben und Öle, Petroleum, Benzin und Benzol, Säure, Brennstoffe und leicht brennbare Packmittel sowie Arbeitsräume für Tischler für kleine Instandsetzungen an Packgefäßen und für Schlosser gebaut werden. Erforderlich waren zudem ein Verwaltungsgebäude, ein Kesselhaus oder Heizraum, Wohlfahrtsgebäude und Räume für Sanität und Feuerwehr. Zu den Hauptaufgaben von Munitionsanstalten gehörten das Anfertigen, Untersuchen, Zerlegen, Delaborieren, Verpacken, Lagern, Instandhalten, Verladen, Versenden und Vernichten von Munition und Munitionsteilen sowie das Schussfertigmachen von Munition und das Wiederherstellen beschossener Munition und Munitionsteile. Umgangssprachlich wurde eine Munitionsanstalt meist kurz »Muna« genannt.

3.4.1. Heeres-Munitionsanstalt Bamberg

Gelände südlich der Geisfelder Straße, zwischen B22 und A73, 96050 Bamberg
GPS: 49°53'2.23"N 10°56'3.72"E

Die Geschichte der Heeres-Munitionsanstalt Bamberg geht auf den April 1917 zurück, als im Rahmen des so genannten Hindenburg-Programms auf einem rund 63 Hektar großen Gelände im Hauptsmoorwald mit der Errichtung von 59 geplanten Gebäuden für ein Artilleriedepot des Königlich-Bayerischen Heeres bzw. der Reichswehr begonnen wurde. Ab Ende November, nach Fertigstellung der hierfür erforderlichen Gebäude, fertigten die ersten Arbeiter Munition. Die Zahl der Beschäftigten betrug am 1. April 1918 fast 1000 Personen. Das ebenfalls geplante Verbindungsgleis zum Bahnhof Bamberg wurde im April 1919 fertig gestellt. Innerhalb des Depots waren Gleisanlagen geschaffen worden, um Eisenbahnwagen mit für die Munitionsfertigung benötigten Teilen entladen zu können und die Beladung mit fertiger Munition für den Abtransport mit der Bahn zu ermöglichen. Nach Ende des Ersten Weltkrieges wurde im Artilleriedepot Munition zerlegt. Zu Beginn der zweiten Hälfte des Jahres 1920 erfolgte gemäß den Bestimmungen des Versailler Vertrages die Schließung des Artilleriedepots und die Umwandlung in ein Divisions-Zeugamt, das am 30. November 1921 aufgelöst wurde. Um eine mögliche Zerstörung durch die Siegermächte der Entente zu verhindern, übernahm die Stadt Bamberg das Areal und führte es als »städtischen Industriehof« durch Vermietung von Teilen an verschiedene Firmen einer gewerblichen Nutzung zu. Einen Teil der Gebäude beanspruchte im Geheimen die so genannte Schwarze Reichswehr für sich. In Erfüllung der Forderungen der Interalliierten Militär-Kontrollkommission wurden bis November 1925 elf Gebäude – sechs Pulver- und fünf Munitionshäuser – sowie ein Bahngleis zerstört. Zwischen November 1925 und September 1927 nutzte die Messerschmitt Flugzeugbau GmbH Bamberg Teile des Geländes und fertigte in ihren beiden Hallen insgesamt sechs bis acht einmotorige Flugzeuge der Typen M 17, M 18a, M 18b und M 19. Am 26. September 1927 wurde die Produktion nach Augsburg verlegt. Im Zuge der Wiederaufrüstung des Deutschen Reiches wurde das ehemalige Artilleriedepot in den 1930er-Jahren reaktiviert. Es entstand die Heeres-Munitionsanstalt. Zwischen 1936 und 1940 erfolgten maßgebliche bauliche Erweiterungen. Die Fläche vergrößerte sich schrittweise bis auf 135 Hektar, zahlreiche neue Gebäude wurden errichtet, einige der bereits vorhandenen Gebäude umgebaut. Der Gebäudebestand der Muna erhöhte sich von 61 im Jahre 1918 auf circa 240. Die Anzahl der Munitionshäuser vergrößerte sich erheblich – von 22 auf 92. Die neu errichteten Munitionshäuser waren durch eine Erdummantelung geschützt. Für die Einlagerung von Gerät und Material waren 18 Packmittelschuppen vorhanden. Die großen Packmittelschuppen, die um 1940 gebaut wurden, erhielten brandbombensichere Flachdächer. Es entstanden Wohnhäuser, Umkleideräume, Gemeinschaftshäuser und Wohlfahrtsgebäude sowie mehrere Gebäude mit besonderen Funktionen, unter anderem eine Zentrale für Wärme-, Reservestrom- und Wasserversorgung, ein Trafogebäude, ein Lokschuppen, eine Tankstelle mit zwei 2500-Liter-Tanks, ein Lagerhaus für feuergefährliche Stoffe und ein Werkstattgebäude mit Schlosserei, Schreinerei und Elektrokarren-Ladestation. Für bis zu 1000 Arbeitskräfte wurde ein Lager aus zwölf Baracken errichtet. Ein Teil des Lagers war umzäunt, vermutlich waren hier Fremdarbeiter und Kriegsgefangene untergebracht. Die Heeres-Munitionsanstalt gliederte sich in die Bereiche Wohngebiet und Arbeiterlager; Verwaltung; Lagerbereich für unfertige Munition, Munitionsteile, Packmittel und Deckplanen; Fertigungsgebiet und Munitionslager. Für den Brandschutz wurden neun Löschwasserzisternen mit Feuerlöschgerätehäusern gebaut. Zum Löschen kleinerer Brände verteilte man zusätzlich noch 90 Wasserfässer auf dem Gelände. Für den Luftschutz wurden 23 Deckungsgräben, drei Betonbunker sowie zusätzlich zum Luftschutz- und Feuerwachturm vier Flaktürme errichtet und eine Flakstellung ausgebaut.

Über die Art und Menge der in der Heeres-Munitionsanstalt hergestellten Munition sind nur wenige Informa-

Verwaltungsbereich mit Zufahrt zur Muna, 2018.

tionen vorhanden. Belegt ist die Herstellung von Granatpatronen für die 7,5-cm-Kampfwagenkanone und die Panzerabwehrkanone 41 sowie 15-cm-Granaten für die schwere Feldhaubitze. In den beiden Munitionsfertigungsstellen erfolgte die Produktion in Fließbandarbeit, die Gebäude waren durch Kettentransporter und Hakentransportbänder miteinander verbunden.

Als 1939 festgestellt wurde, dass Nebelmunition zur Selbstentzündung neigte, gezündete Nebelmasse zudem nicht gelöscht werden konnte, sondern abbrennen musste, und der künstliche Nebel selbst gesundheitsschädlich und in geschlossenen Räumen sogar lebensgefährlich war, wurde in Bamberg ein separater »Nebel-Bezirk« mit 71 hölzernen Munitionsbehältern und zahlreichen abgedeckten Munitionsstapeln geschaffen. Auf dem Gelände befanden sich zudem der Brandplatz zur Vernichtung von Treibladungspulver- und Sprengstoffabfällen sowie vier Spreng- und Brenngruben.

Im Munitionslager wurde auch Kampfstoff-Munition gelagert. Am 20. März 1945 erfolgte die durch einen Führerbefehl angeordnete Auslagerung von chemischen Kampfstoffen (Tabun und N-Lost) durch die Wehrmacht. Eine beachtliche Menge von Kampfstoff und Kampfstoff-Munition verblieb aber in der Muna.

Bei einem alliierten Jagdbomberangriff am 10. April 1945 wurden mehrere Munitionshäuser zerstört und mehrere offene Munitionsstapel detonierten. Durch die Explosion eines erdummantelten Munitionshauses in Folge von direktem Bordwaffenbeschuss im Eingangsbereich verteilte sich eine große Anzahl von Granaten über das Gelände.

Am 12. April 1945 war die Munitionsanstalt zur Sprengung vorbereitet, konnte aber am nächsten Tag unzer-

Gleisanlagen in der Muna, 2018.

stört von den Amerikanern besetzt werden. Nach der Besetzung gab es weitere Explosionen in der Muna. Am 18. April 1945 brannten zwei als Pulverhäuser genutzte Packmittelschuppen aus und ein Munitionshaus, in dem scharfe Munition gelagert wurde, explodierte. Am 25.September 1946 detonierten 99.000 Gewehrgranaten in einem erdummantelten Munitionshaus und zerstörten dieses vollständig.

Zu Kriegsende lagerten in der Heeres-Munitionsanstalt Bamberg ca. 15.500 t Munition. Die Amerikaner zählten in vier Munitionshäusern 37.269 Kampfstoffgranaten. In den meisten Munitionshäusern lagerten konventionelle Granaten, Signalmunition, Zündladungen und Pulver. Im ersten Jahr der amerikanischen Besatzung erfolgten die Delaborierung von Munition durch deutsche Kriegsgefangene und Muna-Arbeiter und der Abtransport von 10.900 t Munition (wohin?), von denen 1 800 t vernichtet wurden. Nach der Räumung von deutscher Munition verwendete die U.S. Army die ehemalige Muna ebenfalls zur Lagerung von Munition. In den 1990er-Jahren wurden nicht mehr benötigte Teile des Areals an die Stadt Bamberg zurückgegeben. Trotz der langjährigen umfassenden Weiternutzung des Geländes durch die U.S. Army von 1945 bis 2010 erfolgte kein umfassender Umbau.

So finden sich auch heute noch viele bauliche Zeitzeugen aus der Zeit des Ersten und Zweiten Weltkrieges sowie der Zwischenkriegszeit. Seit dem Ende der Nutzung durch die Amerikaner streiten verschiedene Interessengruppen im Spannungsfeld zwischen Naturschutz und Gewerbe um die zukünftige Nutzung des nach wie vor unzugänglichen Geländes.

Eine der Messerschmitt-Hallen, 2018.

Erdummanteltes Munitionshaus, 2018.

3.4.2. Heeres-Munitionsanstalt Jüterbog

nordöstlich der Treuenbrietzener Str. (B102),
14913 Niedergörsdorf
GPS: 52° 2'0.35"N 12°57'42.93"E

Ende des 19. Jahrhunderts wurde angrenzend an das Truppenlager »Altes Lager« ein Artilleriedepot errichtet. Ab Juli 1917 erfolgte eine erste bauliche Erweiterung. In dieser Zeit sollen 2000 Personen im Depot tätig gewesen sein. Von 1920 bis 1922 befand sich auf dem Areal eine Munitionszerlegestelle der Berlin-Burger Eisenwerk AG. Um 1930 wurden die Geschossschuppen durch massive Munitionslagerhäuser ersetzt. 1933/1934 kam eine Füllstelle für Granaten hinzu sowie Mitte der 1930er-Jahre auch eine Anlage zur Reinigung beschossener Kartuschhülsen. Zu dieser Zeit erfolgte auch eine Teilung des Geländes, der Ostteil fungierte als Heeres-Nebenzeugamt Jüterbog, im Westteil befand sich die Heeres-Munitionsanstalt Jüterbog, auch als Muna Altes Lager bezeichnet. Die beiden Hauptbereiche waren das Munitionslager und die Füllstelle. Bis 1935 war die Muna Teil der getarnten Luftrüstung, es wurden unter anderem Fliegerbomben bis zu einem Gewicht von fünf Zentnern mit Sprengstoff gefüllt. Da die Luftwaffe ab 1935 über eigene Fertigungsstätten verfügte, wurde ab diesem Zeitpunkt nur noch für das Heer gearbeitet. Die Füllstelle wurde 1938 maßgeblich erweitert, zwei weitere Produktionsbezirke entstanden. Im Ergebnis bestand die Füllanlage aus sieben Wohlfahrts- und Verwaltungsgebäuden, 14 Lagerhäusern, vier Werkstattgebäuden, drei Lokschuppen und Kesselhäusern, einem Pumpenhaus mit Tiefbrunnen und drei Feuerlöschgeräteschuppen mit Schlauchturm. Im ersten und gleichzeitig ältesten Produktionsbezirk wurden 15-cm- und 21-cm-Granaten in Handarbeit mit verflüssigtem Sprengstoff befüllt. In den beiden neuen Produktionsbezirken wurden teilautomatisiert 10,5-cm-Feldhaubitzgranaten und 7,5-cm-Geschosse für Kampfwagenkanonen gefertigt. Die Tagesproduktion pro Bezirk betrug bei den 10,5-cm-Granaten 10.000 bis 12.000 Stück und bei den 7,5-cm-Granaten ca. 20.000 Stück in zwei 10-Stunden-Schichten pro Tag. Eine Arbeit in drei 8-Stunden-Schichten pro Tag, also ohne Unterbrechung, musste wegen der Überhitzung der Maschinen verworfen werden. Die beiden Schmelz- und Gießhäuser zur Befüllung von Granaten mit TNT hatten eine Kapazität von monatlich 1250 t. Die Schmelz- und Gießhäuser waren viergeschossige Stahlbetongebäude. In der dritten Etage wurde der in 50-kg-Kisten angelieferte Sprengstoff durch Erwärmen verflüssigt. In der zweiten Etage wurden dem Sprengstoff verschiedene Komponenten beigefügt. In der untersten Etage erfolgte dann das Einfüllen des Sprengstoffs mittels Trichter, der so genannten Füllschraube, in die Granaten. Daran schloss sich die langsame und gleichmäßige Abkühlung der fertigen Geschosse an. Weitere Arbeitsschritte in dafür vorgesehenen Bereichen waren das Entfernen der Füllschrauben, das Versehen mit einem

farbigen Anstrich und das anschließende Trocknen sowie das Aufbringen des Kennzeichnungscodes. Von dem ursprünglichen losen Stapeln der Granaten ohne Zünder in Waggons wechselte man im Verlauf des Krieges zum Bezündern der Granaten in der Füllanlage und dem Verpacken in Geschosskörben für den Bahnversand.

Im Lauf des Krieges wurden im Bereich der Füllanlage zusätzlich mindestens sechs Luftschutzbunker errichtet. Der Lagerbereich umfasste 91 Munitionshäuser und -schuppen sowie weitere 45 Munitionsbehälter. Die Munitionslagerhäuser verfügten jeweils über eine Bahn-Laderampe und konnten über das verzweigte Gleissystem

Lagerbunker der Heeres-Munitionsanstalt Jüterbog, 2014.

der Muna erreicht werden. Mit einem Anschlussgleis war die Muna an die Bahnstrecke Jüterbog–Treuenbrietzen angebunden. Weitere Gebäude des Lagerbereichs der Muna waren sechs Wohlfahrts- und Verwaltungsgebäude, zwei Dienstwohngebäude für Stammpersonal, drei Wohn- und sechs Arbeitshäuser. Den technischen Bereich bildeten vier Lagerhäuser, drei Abstellhäuser, eine Kraftwagenhalle mit Tankstelle, ein Pumpwerk, ein Kesselhaus, ein Lokschuppen, eine Tischlerei, eine Schmiede und eine Trafostation. Der Brandschutz wurde mit 20 Spritzenhäusern, Schlauchwagenschuppen, Löschwasserzisternen und verschiedener mobiler und stationärer Feuerwehrtechnik gewährleistet. Der Personalbestand vergrößerte sich von 2000 im Frieden auf rund 5000 Personen im Krieg. Ab 1939 wurden deutsche Dienstverpflichtete eingesetzt, ab 1940 mussten auch Kriegsgefangene und später Fremdarbeiter in der Muna arbeiten. Untergebracht waren sie in Baracken. Wegen der schlechten Arbeitsbedingungen kam es immer wieder zu schweren Arbeitsunfällen mit Todesopfern.

Auf dem Areal der Heeres-Munitionsanstalt und des Heeres-Nebenzeugamts waren in den letzten Kriegsjahren auch die Munitions-Untersuchungsabteilung und das Waffenprüfamt des Oberkommandos des Heeres tätig.

Die Munitionsanstalt überstand den Krieg unbeschadet, obwohl sie durch die Westalliierten aufgeklärt war. Auch die Wehrmacht zerstörte sie am Ende des Krieges nicht. Am 20. April 1945 wurde sie evakuiert und kurze Zeit später von der Roten Armee besetzt. Ein Munitionszug wurde am 21. April 1945 vermutlich durch deutsche Soldaten auf der Brücke bei Tiefengruben gesprengt. Die sowjetische Armee nutzte die ehemalige Heeres-Munitionsanstalt bis zu ihrem Abzug als Artillerie-Munitionslager. Auch in dieser Zeit entstanden weitere Bauten wie Unterkunftsgebäude und Kfz-Hallen. Am 2. Dezember 1991 erfolgte die Übergabe an die deutsche Verwaltung. Ab Mitte der 1990er-Jahre waren in der ehemaligen Muna mit ihren fast 6 km Gleisen über 80 ausrangierte Lokomotiven der Reichsbahn sowie früherer DDR-Betriebe des privaten Loksammlers Bernd Falz abgestellt, darunter 24 Exemplare der ab 1942 gefertigten Dampflok Baureihe 52, der bekanntesten deutschen Kriegslokomotive. 2001 fanden die Schienenfahrzeuge eine neue Heimat im ehemaligen Bahnbetriebswerk in Falkenberg/Elster. Im Sommer 2009 wurde auf dem Gelände der ehemaligen Heeres-Munitionsanstalt ein Windpark gebaut. Die Mehrzahl der alten verlassenen Gebäude existiert nach wie vor.

Erhaltene Beschriftung an einem Fahrstuhl in einem Schmelz- und Gießhaus, 2014.

Arbeitshaus der Heeres-Munitionsanstalt Jüterbog, 2014.

Relikte der Füllstelle der Heeres-Munitionsanstalt Jüterbog, 2014.

3.4.3. Heeres-Munitionsanstalt Dessau

Dessora-Industriepark, 06785 Oranienbaum-Wörlitz
ehem. Kampfstoff-Hochbunker, heute Teil der Betonwerk Oranienbaum GmbH & Co KG,
Einsteinstraße 30, 06785 Oranienbaum-Wörlitz
GPS: 51°48'10.57"N 12°21'21.19"E

Mit dem Bau der Heeres-Munitionsanstalt Dessau, auch als Muna Kapen bezeichnet, wurde 1935 begonnen. Als Standort hatte man ein abgelegenes Waldstück in der Oranienbaumer Heide zwischen Dessau und Oranienbaum gewählt. 1938 wurde auf dem rund 200 Hektar großen Gelände die Produktion aufgenommen. Gefertigt wurden Bomben, Artillerie-Granaten, Treibladungen und Kartuschen, Maschinengewehr- und Karabiner-Munition, Handgranaten und Minen. Geliefert wurde ins gesamte Reichsgebiet und nach Kriegsbeginn auch an die Front. Zusätzlich wurde rückgelieferte nicht verbrauchte bzw. überlagerte oder erbeutete Munition für die Nutzung aufbereitet. Nicht mehr verwertbare Munition wurde auf dem Sprengplatz, auf dem auch Sprengversuche erfolgten, vernichtet. Der für die Produktion benötigte Sprengstoff, vor allem das TNT, kam aus dem Sprengstoffwerk Schönebeck (Elbe). Für die Lagerung von Munition standen 146 Bunker zur Verfügung. Mit der Erweiterung um eine Füllstelle begann 1940 auch die Befüllung von Granaten und Bomben mit chemischen Kampfstoffen wie Dichlordiethylsulfid, umgangssprachlich als Lost beziehungsweise Senfgas bezeichnet. Für die Lagerung von flüssigen Kampfstoffverbindungen wurde in unmittelbarer Nähe der Füllstelle ein imposanter Hochbunker mit acht Zisternen und einem Fassungsvermögen von 600 m³ gebaut. Angeliefert wurden die flüssigen Kampfstoffe in Kesselwagen aus dem Hauptwerk der Orgacid GmbH in Ammendorf bei Halle. Insgesamt sollen rund 58.000 t chemische Kampfstoffe verarbeitet worden sein. Gleisanlagen von rund 12 km Länge und die Nähe zur Elbe sorgten für optimale Transportbedingungen, zusätzlich wurde eine Heerstraße von Oranienbaum bis zur Muna gebaut. Neben Arbeitern aus der näheren Umgebung kamen in der Heeres-Munitionsanstalt Dessau auch Angehörige des Reichsarbeitsdienstes sowie später auch Zwangsarbeiter und Kriegsgefangene zum Einsatz. Im Februar 1943 waren in der Heeres-Munitionsanstalt 1150 Personen tätig, davon 300 Fremdarbeiter. Die Produktion wurde bis zum April 1945 aufrechterhalten. Im gleichen Monat besetzte die U.S. Army das unzerstörte Areal, nach ihrem Abzug übernahm es im Mai 1945 die Rote Armee. Die verbliebenen Kampfstoffe wurden entweder vor Ort vernichtet oder umlaboriert, abgefüllt und dann zur Vernichtung abtransportiert. Zu den gefährlichen Arbeiten wurden neben dem früheren deutschen Personal der Muna auch die noch vor Ort befindlichen sowjetischen und polnischen Zwangsarbeiter und Kriegsgefangenen gezwungen. Bei der Kampfstoffvernichtung unmittelbar nach dem Krieg, aber auch in den Folgejahren, kam es zu schwerwiegenden Bodenverseuchungen, die in den 2000er-Jahren beseitigt wurden. Im Rahmen der Reparationen wurden technische Anlagen abgebaut und in die Sowjetunion verbracht, Munitionsbunker wurden gesprengt. Das Gelände wurde geteilt, einen Teil, vor allem

den ehemaligen Lager-, Wohn- und Verwaltungsbereich, nutzten bis 1991 die Sowjets als Artillerie-Munitionslager. Im übrigen Teil mit der ehemaligen Füllstelle entstand der VEB Chemiewerk Kapen, in dem unter strenger Geheimhaltung unter anderem die berüchtigten Antipersonenminen hergestellt wurden, die an der innerdeutschen Grenze vergraben wurden (Schützenabwehrmine PPM-2) oder als so genannte Selbstschussanlagen (Splittermine Modell 1970, kurz SM-70) am Grenzzaun montiert waren, um die Flucht von DDR-Bürgern zu verhindern. Ein weiteres, in der ehemaligen DDR bekanntes Produkt war die – als sowjetisches Lizenzmodell gefertigte – Verteidigungs-Handgranate F1. Nach der politischen Wende wurde der Betrieb im Chemiewerk am 30. September 1991 eingestellt und abgewickelt. Heute liegt ein Teil des Bereichs des ehemaligen Sprengstoffwerkes mit seinen vorhandenen Gebäuden brach, auf anderen Flächen haben sich Gewerbe und ein Solarpark angesiedelt. Der bis 1991 sowjetisch genutzte Bereich ging im September 1992 in deutsche Verwaltung über, wurde 2007 an einen privaten Eigentümer verkauft und blieb damit unzugänglich.

Kampfstoff-Hochbunker mit späteren Anbauten, 2012.

Bombenabfüllhaus der ehemaligen Füllstelle, 2012.

Zufahrt zum späteren GSSD-Gelände, 2012.

Luftschutz-Deckungsgraben im Bereich der ehemaligen Füllstelle, 2012.

3.4.4. Heeres-Munitionsanstalt (Bw) Bernterode

ehem. Verwaltungsgebäude
Am Förderturm, 37339 Breitenworbis
GPS: 51°24'55.05"N 10°27'24.22"E
ehem. Fertigungsgebiet
Schmalenbach 1, 37339 Breitenworbis
GPS: 51°25'3.36"N 10°27'47.28"E

Neben oberirdisch (offen) errichteten Munitionsanstalten wurden bereits ab Mitte der 1930er-Jahre auch stillgelegte Kalibergwerke zu Munitionsanstalten um- bzw. ausgebaut. Anfänglich war es das Ziel, den Versailler Vertrag, der der Reichswehr für jeden ihrer sieben Wehrkreise nur eine Munitionsanstalt erlaubte, zu unterlaufen und heimlich verborgene Lagerstätten für Munition zu schaffen. Generelle Vorteile der Lagerstätten in ehemaligen Kalibergwerken waren der geringere oberirdische Flächenbedarf und damit die Erhaltung land- und forstwirtschaftlicher Nutzflächen, die hohe Aufnahmekapazität und nicht zuletzt der wirksame Schutz vor Luftangriffen, eine zunehmende Bedrohung im Lauf des Krieges. Neben hohen Kosten war der größte Nachteil die Tatsache, dass die eingelagerte Munition in der Regel nur durch den Schacht über Tage befördert werden konnte. Insgesamt wurden 25 stillgelegte Salzbergwerke mit 48 Schächten zu Munitionsanstalten umfunktioniert.

Im Zuge der Weltwirtschaftskrise wurden am 7. März 1931 die zu Beginn des 20. Jahrhunderts in Bernterode errichtete Doppel-Schachtanlage »Preußen« und »Sachsen« der Wintershall AG Kassel und die dazugehörige Chlorkaliumfabrik geschlossen. 1934 begann man im Kalibergwerk mit Munitionslagerversuchen. Hierbei wurde festgestellt, dass sich reines Kalisalz wegen seiner stark hygroskopischen Wirkung als Lagerort für Munition und Sprengstoffe nicht eignet. Dagegen waren die Lagerversuche in den Bereichen aus Stein- und Hartsalz, die den größten Teil eines Salzstockes ausmachen, erfolgreich. Durch eine entsprechende Bewetterung war es möglich, die in großen Tiefen herrschenden hohen Temperaturen auf 20 bis 29 °C zu senken, um optimale Lagerbedingungen zu schaffen.

Am 15. April 1935 wurden die Anlagen in Bernterode von der Heeresverwaltung übernommen. Der Bau einer Heeres-Munitionsanstalt (Bw) erfolgte zwischen November 1935 und 1938. Das Kürzel »Bw« steht für Bergwerk und dient zur Unterscheidung von den offen errichteten Munitionsanstalten. Unmittelbar nach der Fertigstellung der unterirdischen Lagerkammern im Spätsommer 1936 durch die Wintershall AG im Auftrag des Heeres begann die Einlagerung von Munition, Sprengstoffen, Pulver und weiteren Wehrmachtsgütern. Neben dem Ausbau der unterirdischen Lagerstätte wurde im nahen Schmalenbachtal ein oberirdisches Fertigungsgebiet mit einem Lagerhaus, fünf Munitionsarbeitshäusern, einem Löthaus, zwei Handmunitionshäusern für Vorräte an scharfen Munitionsteilen und einem Wohlfahrtsgebäude errichtet. Im Fertigungsgebiet wurden Geschosse mit Zünder und Zündladung versehen sowie Kartuschen gefertigt, u. a. für die Treibladungen der 10,5-cm-leichten Feldhaubitze 18. Zusätzlich wurden ab Herbst 1939 in der stillgelegten Schachtanlage unterirdische Munitionsarbeitsstätten geschaffen. Zwischen 1938 und 1940 wurden zusätzliche unterirdische Munitions-Lagerräume errichtet. Im Herbst 1944 erfolgte in den unterirdischen Lagerkammern die Einlagerung von 200 Stahlfässern mit »Z-Stoff«. Dieses flüssige Natriumpermanganat war als Starthilfsstoff für die Rakete Aggregat 4 (A4), bekannt auch unter der Bezeichnung V2, vorgesehen.

Nach dem kriegsbedingten Abzug männlicher Arbeitskräfte mussten zunehmend ausländische Fremd- und Zwangsarbeiter in der Heeres-Munitionsanstalt Bernterode die Arbeiten übernehmen. Für sie war auf dem Werksgelände ein mit Stacheldraht umzäuntes Lager mit fünf Baracken gebaut worden. Ende März 1943 trafen zusätzlich 200 Franzosen ein, die in der oberirdischen Fertigung, aber auch in der Einlagerung im Schacht eingesetzt wurden. Ab Sommer 1943 ist der Einsatz weiterer Zwangsarbeiter aus der Sowjetunion nachgewiesen. Am 23. April 1944 kamen 50 italienische Militärinternierte hinzu, die bei den Franzosen untergebracht wurden, aber stärkeren Beschränkungen unterworfen waren. Gegen Ende des Krieges mussten zusätzlich polnische Zwangsarbeiterinnen Schwerstarbeit in der Muna leisten. Am 14. März 1945 wurden durch ein Sonderkommando der Wehrmacht die aus dem Reichsehrenmal Tannenberg vor der Roten Armee in Sicherheit gebrachten Särge von Generalfeldmarschall Paul von Hindenburg und dessen Frau sowie die Särge der Preußenkönige Friedrich Wilhelm I. und Friedrich II. aus der Garnisonskirche Potsdam im Bergwerk deponiert. Wenige Tage später folgten Akten und Kunstschätze. Nach der Besetzung durch US-Truppen am 10. April 1945 wurde ein Teil des Auslagerungsgutes im Mai 1945 nach Frankfurt, die vier Särge und die übrigen Kunstschätze nach Marburg überführt, bevor die US-Amerikaner den Ort am 2. Juli 1945 den Sowjets übergaben. Bei der Explosion eines Munitionszuges im Werkbahnhof zwei Tage später wurden die in der Nähe befindlichen oberirdischen Gebäude weitgehend zerstört und die Fördereinrichtung des Schachtes »Preußen« so schwer beschädigt, dass er unbenutzbar wurde. Die Räumung und anschließende Sprengung der verbliebenen Munition erfolgte zwischen Dezember 1945 und Spätsommer 1946. Bis auf einen Teil eines Lagergebäudes wurden alle Produktionsgebäude des Fertigungsgebietes gesprengt. Auf dem Gelände betrieb der VEB Cottana Mühlhausen bis zur Wende eine Weberei. Das Schachtgelände wurde im Juli 1953 vom VEB Kaliwerk »Karl-Marx« Sollstedt übernommen. Heute werden beide Bereiche durch neue Eigentümer privatwirtschaftlich genutzt.

Die Errichtung einer Heeres-Munitionsanstalt im ehemaligen Kalischacht in Bernterode kann als Musterfall für zahlreiche weitere Untertageverlagerungsmaßnahmen angesehen werden.

Verwaltungsgebäude und Fördergerüst des Schachts »Preußen« (Bernterode I), 2020.

Unten links: Kopf einer Splitterschutzzelle im ehemaligen Fertigungsgebiet, 2020.

Unten rechts: Erhaltenes Gebäude im ehemaligen Fertigungsgebiet, 2020.

Rettungskapsel über dem Schacht »Sachsen« (Bernterode II), 2020.

3.4.5 Heeres-Munitionsanstalt (Bw) Berka/Werra

abgedeckter Schacht Alexandershall
Dippacher Straße, 99837 Werra-Suhl-Tal
GPS: 50°55'39.92"N 10° 3'0.57"E
Gedenkstele für die Häftlinge des Außenkommandos des KZ Buchenwald
Mahnstraße, 99837 Werra-Suhl-Tal
GPS: 50°54'22.14" N 10°4'28.50"E

Im Zuge der Suche nach weiteren geeigneten Kalibergwerken, die für die Einlagerung von Sprengstoffen und Munition in Betracht kämen, wurde im März 1937 die Schachtanlage Alexandershall bei Berka an der Werra durch das Thüringer Wirtschaftsministerium als besonders geeignet beurteilt. Nach Verhandlungen der zuständigen Heeresdienststellen mit der Wintershall AG als Eigentümerin wurde im Mai 1938 ein Nutzungsvertrag der ober- und unterirdischen Teile der beiden benachbarten Kalibergwerke Alexandershall und Abteroda mit einer Laufzeit von 20 Jahren geschlossen. Der Beginn des Vertrages wurde im Mai 1943 auf den 1. Juli 1937 rückdatiert. Innerhalb weniger Monate erfolgte der Umbau zu einer untertägigen Heeres-Munitionsanstalt. Die unterirdischen Lagerbereiche waren bereits ab November 1938 voll belegt. Für die Herstellung von Munition unterschiedlicher Kaliber wurde nördlich des Kalibergwerkes ein oberirdisches Fertigungsgebiet mit zwei Munitionsarbeitshäusern und einem Handmunitionshaus errichtet. Von den geplanten acht massiven Lagerhäusern für Packgefäße und Munitionszubehör waren im Juni

Abgedeckter Schacht Alexandershall und Fördermaschinenhaus, 2020.

1941 erst drei fertig gestellt, zwei weitere folgten später. Bei drei Lagerhäusern ruhten die Arbeiten und erst Ende 1942 entschloss sich das Heer zur Fertigstellung auch dieser Gebäude. In vier Lagerhäusern wurden Arbeitsräume errichtet, in denen Geschosse aufgezündert wurden. Die zum Militär eingezogenen deutschen Arbeitskräfte wurden sukzessive durch Fremdarbeiter und Kriegsgefangene ersetzt, vorwiegend aus Frankreich, den Niederlanden, Belgien und der Sowjetunion.

Für die geplante Untertageverlagerung ausgewählter Rüstungsbetriebe bemühte sich der am 1. März 1944 beim Reichsministerium für Rüstung und Kriegsproduktion (RMRuK) und Reichsluftfahrtministerium (RLM) gebildete Jägerstab – ein Leitungsorgan innerhalb der deutschen Luftrüstung –, immer wieder ehemalige Kalibergwerke zu übernehmen, die bereits als Heeres-Munitionsanstalten ausgebaut und betrieben wurden. Das OKH widersetzte sich meist erfolgreich diesem Ansinnen. Beim Schacht Abteroda konnte der Jägerstab allerdings eine Räumung erwirken, um dort und an drei weiteren Standorten das BMW-Flugmotorenwerk Eisenach geschützt unterzubringen. Unter dem Decknamen »Bär« begann ab Mai 1944 im Schacht Abteroda der Bau von Produktionsräumen eines unterirdischen Werkes mit einer geplanten Fläche von 10.000 Quadratmetern, die später um weitere 6000 Quadratmeter reine Lagerfläche erweitert wurden. Das durch die Muna für BMW eingezogene, Anfang Juni 1944 bereits vollständig geräumte, oberirdische Lager- und Fertigungsgebiet erhielt den Decknamen »Anton«. Als Kompensation für die durch

Fördermaschinenhaus Schacht Alexandershall, 2020.

Fördermaschinenhaus Schacht Alexandershall, 2020.

die Heeres-Munitionsanstalt zu räumenden Bereiche wurden in der Folge neue Munitionsarbeitsräume in einem von BMW nicht genutzten Bereich der Schachtanlage Abteroda und weiteren Arealen im Schacht Alexandershall geschaffen. Im Dezember 1944 waren alle Munitionsfüllstellen der Muna voll ausgelastet.

Nach der Verbringung der benötigten Maschinen aus dem Eisenacher BMW-Werk Dürrerhof nach Abteroda wurde die Teilefertigung für das Strahltriebwerk BMW 003 der Messerschmitt Me 262 aufgenommen. Ende November 1944 lief die über- und untertägige Fertigung auf insgesamt 431 verlagerten Maschinen. Wegen des zunehmenden Arbeitskräftemangels kamen ab Juli 1944 für die Schachtbauarbeiten sowie die Einrichtung der Maschinenhallen und die folgende BMW-Fertigung auch KZ-Häftlinge zum Einsatz. Sie waren in zwei getrennten Lagern – »Anton I« für männliche Häftlinge (250 Franzosen und Russen) und »Anton II« für weibliche Häftlinge (250 Französinnen, unter ihnen viele Jüdinnen) – untergebracht. Kurz vor dem Eintreffen der amerikanischen Truppen löste die SS am 4. April 1945 das Außenkommando Abteroda auf und setzte die Häftlinge in Richtung des Stammlagers Buchenwald in Marsch.

Nach dem Abzug der Amerikaner im Juli 1945 fanden Sowjetsoldaten in den unterirdischen Lagerräumen unter anderem 110.890 t Schießpulver und Sprengstoffe, 620.000 Geschosse der Kaliber 10,5 und 12 cm und 5000 t chemische Kampfstoffe. In der Folge wurde die Munition abtransportiert und vernichtet, allerdings nicht vollständig, wie sich in späteren Jahren zeigte. Insbesondere die in verwahrten Grubenbauen lagernden Kampfstoffe beschäftigten die zuständigen Behörden auch noch bis nach der Wende. Heute sind beide Schächte verwahrt, viele der ehemaligen Gebäude wurden nach und nach abgerissen, andere werden überwiegend gewerblich nachgenutzt.

Nach Jahrzehnten ohne einen einzigen Hinweis erinnert seit Mai 2020 eine Gedenkstele an das Außenkommando des KZ Buchenwald. Sie wurde auf Initiative des Landwirtschaftsbetriebes, der heute das ehemalige Lagergelände bewirtschaftet, errichtet.

Im Gedenken an die
des Außenkommando
Buchenwald und
im früheren BMW
Abteroda
KZ - Häftlinge
„Anton / Bär" des KZ
die Zwangsarbeiter
Flugzeugmotorenwerk

Gedenkstelle bei Abteroda, 2020.

Kapitel 4

GEHEIMPROJEKTE

Im Heer und der Waffen-SS
liefen zuerst unter unterschiedlichen Kommandos Forschungen und Entwicklungen an neuartigen Waffen, teilweise sogar parallel zueinander. Doch spätestens in der zweiten Kriegshälfte bedingte der Kriegsverlauf eine engere Zusammenarbeit zwischen Heereswaffenamt und Dienststellen der Waffen-SS. Einige dieser besonderen Waffenprojekte soll auf den nächsten Seiten vorgestellt werden.

4.1 Panzerwaffe

Im Verlauf des Ersten Weltkrieges setzten die Briten erstmals so genannte Tanks am 15. September 1916 an der Somme ein. Die knapp 32 Panzergefährte vom Typ Mark I versetzten die deutschen Truppen kurzzeitig in Angst und Schrecken. Technisch noch nicht ausgereift und auf sich allein gestellt, erzielten die Tanks im Herbst 1916 noch keinen entscheidenden Vorteil, zeigten aber auf, wohin die Entwicklung dieser neuartigen Waffe führen konnte.

Nur einen Monat später forderte die Oberste Heeresleitung eine forcierte Entwicklung dieses neuartigen Kampfmittels. Bereits im Winter 1916/1917 entstanden erste Prototypen deutscher Tanks. Nachdem im April 1917 bei Arras englische Tanks (und zuvor schon an der Somme) erbeutet worden waren, formte sich langsam ein konkurrenzfähiges Modell heraus. Das Prinzip einer umlaufenden Kette zur Fortbewegung setzte sich durch. Die Rüstungswerke produzierten aber immer noch lediglich Zugmaschinen für die Artillerie. Das Konzept einer eigenständigen Tankwaffe setzte sich nur langsam durch. Man stritt über Bewaffnung und Panzerung und scheiterte immer wieder an dem puren Gewicht der Fahrzeuge. Nachdem das Ministerium erst hunderte Fahrzeuge in Auftrag gab, strich es – nicht zuletzt aus Materialmangel – die Bestellung bis Ende des Jahres auf wenige Exemplare zusammen.

Im März 1918 kamen die ersten deutschen Sturmpanzerwagen A7V an der Westfront zum Einsatz; sie waren den gegnerischen Tanks in mancherlei Hinsicht überlegen, doch zu der Zeit verfügten Briten und Franzosen bereits über einige Hundert Tanks (auch die Franzosen hatten eigene Typen entwickelt). Bis zum Waffenstillstand am 11. November 1918 konnten die deutschen Truppen keine nennenswerten Tankzahlen ins Gefecht bringen (ihre Panzerwagenabteilungen bestanden mehrheitlich aus britischen Beutetanks). Allerdings war der Tank im Ersten Weltkrieg noch keine entscheidende Waffe und beeinflusste seinen Ausgang kaum.

Nach 1919 konnte aufgrund der einschneidenden Beschränkungen des Versailler Vertrages in Deutschland nur getarnt an der Entwicklung von Panzerfahrzeugen gearbeitet werden. Daher erfolgten die Entwicklungen vorerst unter dem Deckmantel des Baus von Leicht- und Großtraktoren oder landwirtschaftlichen Schleppern. Eine spätere Erprobung konnte nur in der von den Westmächten ebenfalls verfemten Sowjetunion erfolgen, die sich einen steten Technologietransfer versprach. In der Panzerschule Kama (bei Kasan) wurden mehrere viel versprechende Modelle zwischen 1929 und 1933 erprobt, die danach als Grundlage zur Entwicklung leichter und mittlerer Panzerkampfwagen dienten. Dazu zählte der nur mit zwei MG bewaffnete Panzerkampfwagen I, von dem bis Mitte der 1930er-Jahre ein paar hundert Exemp-

lare gebaut wurden. Die in Kama ausgebildeten Offiziere spielten eine wichtige Rolle beim Aufbau der Panzertruppe. Seit Beginn der Entwicklung deutscher Panzerkampfwagen ab Mitte/Ende der 1920er Jahre wurde bei der Weiterentwicklung großer Wert auf die Funktechnik gelegt, damit die Fahrzeuge untereinander beziehungsweise mit der übergeordneten Führungsebene, später auch im Verbund mit Fliegerkräften, kommunizieren konnten.
Die Entwicklung wurde im Verlauf der 1930er-Jahre weiter forciert und die Panzertruppe als wichtiges Element des Heeres ausgebaut. Ab Mitte der 1930er-Jahre wurden Sturmgeschütz- und Panzerjäger, Panzeraufklärer und motorisierte Infanterie (die späteren Panzergrenadiere) aufgebaut, daneben erfolgte eine parallele Entwicklung bei der der Pioniertruppe zugeordneten Eisenbahnpanzerzüge (die offiziell erst nach 1943 unter die Fittiche der Panzertruppe kamen). 1939 galten die leichten Panzerkampfwagen I, II und der mittlere Pz.Kpfw. III als Standardmodelle der Wehrmacht; ergänzt um einige Begleitwagen Pz.Kpfw. IV für Unterstützungsaufgaben. Aber auch die Entwicklung bei den Briten oder Franzosen setzte nach Ende des Ersten Weltkriegs nicht aus. Sie entwickelten und bauten leichte, mittlere und schwere Panzerkampfwagen, die vor allem den leichten deutschen Mustern taktisch teils vielfach überlegen waren. Nach der Besetzung der Tschechoslowakei im Oktober 1938 mit ihrer leistungsfähigen Rüstungsindustrie fielen der Wehrmacht die beiden mittleren tschechischen Modelle 35(t) und 38(t) in die Hände, die zahlreiche Vorzüge aufwiesen. Die beiden mittleren Panzer III und IV konnten sich in weiter verbesserten Ausführungen zumindest in den ersten Jahren des Krieges behaupten; ja der Pz.Kpfw. IV blieb bis Kriegsende das »Arbeitspferd« Nr. 1 der deutschen Panzerverbände.
Mit dem Erscheinen des schweren Tiger I (1942), des mittleren Panther (1943) und des schweren Tiger II (1944) erhielt die Panzerwaffe dann Fahrzeuge, die es in Bewaffnung und Panzerung, teilweise auch in der Beweglichkeit, nicht nur mit dem sowjetischen T-34, sondern auch mit den schweren sowjetischen KW I und »Josef Stalin« bzw. mit den daraus abgeleiteten Sturmgeschützen aufnehmen konnten. Doch Verbesserungen, Kampfwertsteigerungen und überlegene Panzertechnik standen die viel höheren Produktionszahlen der Gegenseite gegenüber. Bis Sommer 1944 erreichte zwar auch die deutsche Panzerindustrie einen immer höheren Ausstoß, doch der Mangel an Kraft- und Betriebsstoffen machte sich zunehmende bemerkbar.

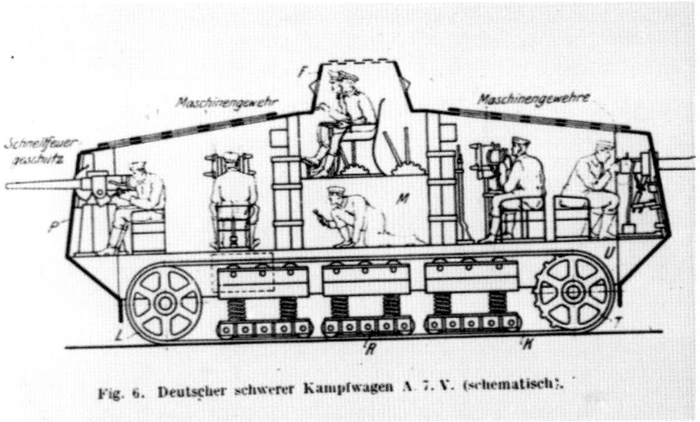

Schematische Darstellung des Innern eines deutschen Sturmpanzerwagens A7V, ca. 1917.

Erprobung eines A7V während der Durchfahrt durch einen Stacheldrahtverhau, ca. 1917.

4.1.1. Panzerkampfwagen V »Panther" (Sd.Kfz. 171) »Panther« Ausf. A

Deutsches Panzermuseum Munster, Hans-Krüger-Straße 33, 29633 Munster
https://daspanzermuseum.de
GPS: 52°59'12.87" N 10° 6'36.45"E

Der »Panther« war ein mittlerer Panzerkampfwagen, der allgemein hin als leistungsfähiges Waffensystem und als bester mittlerer Panzer des Zweiten Weltkrieges gilt. In seine Entwicklung floss die hervorragende Formgebung des T-34 ein, optimiert um Elemente, in denen der deutsche Panzerbau führend war, wie beispielsweise Bewaffnung und Zieloptiken. Er stellte eine ausgewogene Symbiose aus Feuerkraft, Beweglichkeit, Reichweite, Geschwindigkeit und Panzerung dar.
Bei Gefechten im Sommer 1941 tauchte erstmals der neu entwickelte sowjetische T-34 auf, bei dem wegen seiner starken Panzerung gepaart mit einer neuartigen schrägen Formgebung, deutsche Panzer III und IV nur auf kurze Distanz oder von den Seiten Wirkungstreffer erzielen konnten. Darüber hinaus war der T-34 auch hinsichtlich der Bewaffnung, der Motorisierung, der Fahrsicherheit des Laufwerks, sowie der Robustheit den deutschen Mustern seiner Gewichtsklasse deutlich überlegen. Hieraus ergab sich für die deutsche Seite die Notwendigkeit einen neuen mittleren Kampfpanzer zu entwickeln, um die technisch-taktische Überlegenheit zurückzugewinnen. Generaloberst Heinz Guderian, der bei der Entwicklung der deutschen Panzerwaffe eine maßgebliche Rolle spielte, führt in seinem Buch »Erinnerungen eines Soldaten« aus, dass Frontoffiziere den T-34 nachbauen lassen wollten, was aber Heeresführung und Konstrukteure aus verschiedensten Gründen verwarfen, u. a. weil sie es für zeitnah nicht umsetzbar erachteten. Insbesondere der Nachbau des Aluminium-Dieselmotors und der Stahllegierung, Letzteres wegen Rohstoffbeschränkungen, wurden für unmöglich befunden. Deshalb sollte zusätzlich zum bereits in Entwicklung befindlichen schweren »Tiger« mit einem Gefechtsgewicht von ca. 56 t, ein mittlerer 35- bis 45 t-Panzer, der »Panther« entworfen werden. Nach der Auswertung erbeuteter T-34 wurden 1942 Entwicklungsaufträge für ein mindestens ebenbürtiges Fahrzeug an Daimler-Benz und die Maschinenfabrik Augsburg Nürnberg (MAN) vergeben. Der Entwurf von Daimler-Benz ähnelte dem T-34, der von MAN war eine eigenständige neue Konstruktion. Auf Anraten von Rüstungsminister Speer entschied sich Hitler Anfang März zunächst für den Daimler-Benz-Entwurf und es wurden erste Prototypen produziert. Am 13. Mai 1942 wurde das Projekt gestoppt, ganz klar sind die Hintergründe hierfür nicht, Fakt ist, es fand eine erneute Prüfung beider Entwürfe durch eine Kommission von Fachleuten aus Heer und Industrie statt. Nach erneuter Vorstellung ihrer Entwürfe durch die Hersteller entschied sich die Kommission am 14. Mai für das Modell von MAN. Ausschlaggebend waren konstruktive und fabrikatorische Gründe, vor allem die Frage der Motorisierung. Daimler-Benz hatte den eigenen Dieselmotor MB 507 für den Panther vorgesehen. Als Heckmotor hätte dafür der Turm neu konstruiert werden müssen, was einen zeitlichen Verzug bedeutet hätte. Zudem wäre es nicht möglich gewesen, Dieselmotoren in ausreichender Stückzahl zu fertigen. MAN setzte auf den in deutschen Panzern üblichen Benzin-Frontmotor. Das Laufwerk beim MAN-Entwurf sollte mit einer Doppelstabfederung, das von Daimler-Benz mit einer Blattfederung versehen sein. Das Daimler-Benz-Modell war schwächer gepanzert. Zudem war das MAN-Modell durch einen abgeschotteten Triebwerksraum für Unterwasserfahrten vorbereitet und hatte einen größeren Aktionsradius. Adolf Hitler akzeptierte die Entscheidung für die Konstruktion des »Panthers" nach dem Entwurf der Firma MAN, die bereits begonnene Produktion des Daimler-Benz-Modells wurde eingestellt. Im September wurde das Baumuster vorgestellt und nach kurzen Tests bereits im November 1942 priorisiert mit der Serien-Fertigung begonnen und die ersten Sd.-Kfz. 171, Panzerkampfwagen »Panther« der Ausführung D ausgeliefert. Die Hersteller waren MAN, Daimler-Benz, die Maschinenfabrik Niedersachsen Hannover (MHN) und ab 1943 auch die Firma Henschel & Sohn. Der »Panther« war der erste deutsche Panzer mit einer rundum abgeschrägten Panzerung, die Geschosse ablenken sollte. Die Stärke betrug an der Front zuerst 60 mm und wurde bereits nach kurzer Zeit auf 80 mm erhöht, so dass nur 20 von MAN gefertigte Panzer die geringere Frontpanzerung besaßen. Die Seitenpanzerung hatte eine Stärke von 40 mm. Im Januar 1943 wurde die Stärke der Panzerung diskutiert und im Ergebnis von Hitler für den »Panther« eine 100 mm-Frontpanzerung befohlen. Im Februar 1943 wurden für den Panzer IV, den »Panther« und das Sturmgeschütz zum Schutz des Fahrwerks gegen sowjetische Panzerbüchsen und Splitter so genannte Schürzen eingeführt. Das waren zusätzliche seitlich angehängte 5 mm starke Panzerbleche, welche die senkrechten Teile der Wanne und das Laufwerk schützten. Der »Panther« hatte eine 5-köpfige Besatzung, die aus dem Kommandanten, dem Fahrer, dem Funker, dem Richt- und dem Ladeschützen bestand. Die Hauptbewaffnung war die neu entwickelte, rasante 7,5-cm-KwK 42 L/70. Der Mu-

nitionsvorrat im Panther betrug 79, in der späteren Ausführung G 82 Granaten. Als Sekundärbewaffnung kamen zwei 7,92-mm-MG 34 zum Einsatz, für die 4200 Schuss im Panzer bevorratet waren. Motorisiert war der 44 t schwere »Panther« Ausf. D mit einem Maybach HL 210 P30 Zwölfzylinder-V-Motor mit 21 Litern Hubraum und einer Leistung von 650 PS. Bereits nach 250 produzierten Exemplaren wurde er durch den größeren Maybach-Motor HL 230 P30 mit 700 PS ersetzt. Die Höchstgeschwindigkeit auf der Straße betrug 55 km/h, im Gelände 24 km/h. Der größere Motor änderte daran nichts, lediglich die Beschleunigung verbesserte sich. Eigentlich sollte der »Panther« die bisherigen mittleren deutschen Kampfpanzer ersetzen, da dies aber von der deutschen Wirtschaft nicht realisierbar war, kam er parallel zum weiter produzierten Panzer IV zum Einsatz.

Der erste Fronteinsatz von rund 250 »Panther« Ausf. D im Rahmen des Unternehmens »Zitadelle«, der letzten deutschen Großoffensive im Juli 1943 an der Ostfront, war ein Fiasko. Das zu wenig getestete und übereilt an die Front geworfene Fahrzeug besaß noch zahlreiche technische Mängel, die im Einsatz offen zu Tage traten. Schon auf dem Marsch in die Bereitstellungsräume versagten 45 »Panther« wegen Problemen mit Motor und Fahrwerk. Am ersten Tag der Schlacht am 4. Juli 1943 fielen 123 »Panther« aus. 23 davon waren Totalausfälle wegen feindlicher Treffer, 56 wurden durch Minen oder Treffer beschädigt und 44 versagten wegen technischer Probleme. Am Ende des zweiten Tages waren nur noch 50 einsatzbereit. Die Ausfallrate der »Panther« war die größte aller bei der Schlacht am Kursker Bogen eingesetzten Panzertypen. Die meisten Probleme bereiteten das Seitenvorgelege, die Benzinpumpe, die Dichtungen der Benzin- und Ölleitungen, die Befestigung des Vergasers und die Motorkühlung. Abgesehen von den technischen Problemen, bewies der »Panther« mit 267 abgeschossenen Feindpanzern jedoch sein Potential.

Wegen der sehr hohen Ausfallquote bei Kursk wurde der »Panther« Ausf. D als nicht fronteinsatzfähig erachtet und seine Produktion gestoppt. Kurze Zeit später konnte die Produktion einer verbesserten Ausf. D wieder aufgenommen werden. Die modifizierte Version besaß eine neue Aufhängung, ein neues Getriebe und weitere Verbesserungen. Das verbesserte Modell konnte bei einer schweren Panzerschlacht im August 1943 überzeugen, bei der die Panther-Abteilung 53 der SS-Division »Das Reich« zahlreiche sowjetische Panzer bei geringen eigenen Verlusten ausschalten konnte. Vom »Panther« Ausf. D wurden insgesamt 842 Stück hergestellt.

Von August 1943 bis Juni 1944 ´wurden 2192 »Panther« der Ausf. A produziert. Nach Auslaufen der Produktion der Ausf. D im September 1943, schied die Firma Henschel & Sohn als Hersteller aus, dafür wurden 50 Stück der Ausf. A durch die Demag im ehemaligen RAW Falkensee gefertigt.

Eine Veränderung dieser Ausführung war die gegossene Kuppel mit sieben Winkelspiegeln und einer Vorrichtung für ein Flugabwehr-MG 34. Die Walzenblende besaß jetzt nur noch eine Öffnung für die Optik. Bei der Ausf. A wurde die maximale Drehzahl des Motors von 3000 min-1 auf 2500 min-1 begrenzt, um die Lebensdauer des Motors zu erhöhen. Die Höchstgeschwindigkeit verringerte sich dazu auf 45 km/h.

Die letzte »Panther« Version, die Ausf. G, war mit einer abgeschrägteren Panzerung an den unteren Wannenseiten versehen. Die verstärkte Panzerung besaß eine Stärke von 5 cm. Die Sichtluke des Fahrers in der Frontplatte wurde durch einen drehbaren Winkelspiegel ersetzt, der oben auf der Wanne montiert war. Eine der zahlreichen Optimierungen war der Einbau eines Getriebeölkühlers. Die eingebauten Munitionsbehälter besaßen eine Panzerung von 3 mm. Bis Kriegsende wurden 2953 »Panther« Ausf. G hergestellt. Insgesamt wurden 5987 »Panther« der verschiedenen Ausführungen produziert, dazu kommen noch eine Anzahl von Spezialvarianten.

Die verbesserten Ausführungen des »Panther« wurden an der Ost- und Westfront eingesetzt und konnten dort bestehen und überzeugen.

Die Verladung neuer »Panther«-Panzerkampfwagen zum Transport an die Front (1943).

Panzerkampfwagen V »Panther« Ausf. A, Panzermuseum Munster, 2018.

Nachteile des »Panthers« die auch mit der Ausf. G nicht beseitigt wurden, waren die zu geringe Seitenpanzerung, die zu geringe Lebensdauer der Motor-Getriebe-Kombination, der zu schwere Turm, der ein schnelles Schwenken der Kanone in Schräglage verzögerte und die walzenförmige Geschützblende, die Abpraller im unteren Bereich gegen die schwache Panzerung der Wannenoberseite ablenkte. Für die beiden letztgenannten Mängel gab es bereits eine konzipierte Lösung, einen Schmalturm mit konischer Blende, die aber nicht mehr realisiert werden konnte.

Durch die Ausstattung mit einem zur Rundumbeobachtung entworfenen 30-cm-Infrarot-Fahr-und-Zielgerät FG 1250 auf der Kommandantenkuppel ertüchtigte man ab September 1944 einzelne »Panther« zur Nachtkampffähigkeit. Zusätzlich zur Standardversion wurden auf der Basis des »Panthers« verschiedene Spezialvarianten gefertigt. Hierzu zählen der »Jagdpanther« (Sd.Kfz. 173) mit langer 8,8-cm-Panzerjägerkanone 43 L/71, der »Bergepanther« (Sd..Kfz. 179) zum Bergen ausgefallener Fahrzeuge und der Panzerbefehlswagen »Panther«, der über eine erweiterte Funkausstattung auf Kosten eines verringerten Munitionsbestandes verfügte. Weitere Varianten befanden sich in Planung.

Zählt man den Bergepanther mit 339 gefertigten Fahrzeugen hinzu, kommt man auf eine Gesamtzahl von 6326 produzierter »Panther« bis Kriegsende.

In der letzten Ausführung war der »Panther« zum stärksten Kampfpanzer seiner Klasse gereift, der allen anderen Modellen, den westlichen (»Cromwell«, »Churchill« und »Sherman«) und östlichen (T-34/85) in den meisten Parametern überlegen war. Seine Produktion war allerdings aufwändig und er stand nie in ausreichender Anzahl zur Verfügung, um erlittene Verluste bzw. die zahlenmäßige Überlegenheit der Gegner zu kompensieren.

Bemerkenswert sind einzelne Verwendungen bei den Alliierten nach Kriegsende. Das französische Heer ließ zwei Verbände mit nach Kriegsende »erbeuteten« »Panthern« ausrüsten, bis geeignetere Alternativen zur Verfügung standen. Für den französischen leichten Panzer AMX-13, der ab 1952 produziert wurde, wurde eine modifizierte »Panther«-Kanone gefertigt. Das Daimler-Benz-Werk in Berlin-Marienfelde stellte einige »Panther« aus noch vorhandenen Teilen für die Rote Armee her. 1945/1946 stellte die Firma MNH in Hannover noch neun Panther und zwölf Jagdpanther aus Restbeständen für die britische Armee zu Testzwecken fertig. Französische Nachbauten der »Panther«-Kanone bewaffneten kampfwertgesteigerte israelische »Sherman« bis in die 1970er-Jahre.

II 01

4.1.2 Panzerkampfwagen VI »Tiger« (Sd.Kfz. 181)

Im Rahmen des Ausbaus der Panzerwaffe erhielt die traditionsreiche Kasseler Firma Henschel & Sohn den Auftrag zur Entwicklung eines schweren Panzerkampfwagens – denn so einen gab es bei der deutschen Panzertruppe nicht. Zeitweise zählten die in den Henschel-Werken produzierten Lokomotiven zu den bedeutendsten in Europa. Seit dem 19. Jahrhundert entwickelte sich das Unternehmen zu einem der wichtigsten Fabrikationsstätten für den Maschinen- und Fahrzeugbau- sowie zu einem der produktivsten Rüstungskonzerne in Mitteldeutschland. Nachdem bereits wenige Monate nach Auftragsvergabe drei Vorserienmodell zur Verfügung standen, modifizierte die Firma Porsche die Entwürfe und ließ in den Nibelungenwerken zwei weitere Exemplare bauen. Doch auch hier lieferten die beiden luftgekühlten Maybach-Motoren keinen zuverlässigen Antrieb, sodass Porsche die Entwicklung zurückstellte. Im Mai 1941 erhielten die Henschel-Werke wiederum den Auftrag zur Weiterentwicklung des einstigen Projektes. In den kommenden Monaten konkurrierten beide Unternehmen darum, welches der beiden Konzepte dann letztlich den Auftrag des Heereswaffenamtes erhalten sollte. Letztlich entschied eine aus Panzerfachleuten des Heeres und der Industrie gebildete Tigerkommission nach eingehender Prüfung die Wahl für das Henschel-Modell. Im Juli

Panzerkampfwagen VI Tiger beim Unternehmen Zitadelle bei Kursk, Sommer 1943.

1942 lief die Serienproduktion des 56 t schweren Panzerkampfwagens an. Als Hauptbewaffnung kam die 8,8 cm Kampfwagenkanone 36 zur Verwendung. Diese stellte eine Modifikation der 8,8 cm Flugabwehrkanone Flak 36/37 dar. Der Ersteinsatz von vier Fahrzeugen in panzerungünstigem Gelände vor Leningrad im August 1942 scheiterte, doch ab Januar 1943 erwarb sich der stark gepanzerte und bewaffnete »Tiger« schnell einen gefürchteten Ruf bei seinen Gegnern an allen Fronten, wo er in eigens aufgestellten schweren Panzerkompanien und vor allem Abteilungen meist an Schwerpunkten der Kämpfe zum Einsatz kam. Es ist keinesfalls nur Propaganda, dass der »Tiger« dank der dicken Panzerung nicht nur als »Beschusswunder« galt, sondern Abschussquoten wie kein anderer Kampfpanzertyp vor und nach ihm erreichte. Zahlreiche Tigerkommandanten erzielten über 50, einige über 100 Abschüsse. Die meisten »Tiger« gingen nicht durch Beschuss und Waffenwirkung, sondern durch technischen Ausfall, Kraftstoffmangel und Selbstsprengung durch die Besatzung verloren. Die Schwachstellen lagen in Getriebe und Fahrwerk (Seitenvorgelege). Die Fertigung endete nach verschiedenen Baulosen und Modifikationen im August 1944 nach rund 1350 Exemplaren. Der »Tiger I« wurde in der Fertigung vom »Tiger II« abgelöst, blieb aber bis Kriegsende im Einsatz.

Panzerkampfwagen VI Tiger, Panzermuseum Munster, 2018.

4.1.3. Panzerkampfwagen VI »Tiger II« (Königstiger) (Sd.Kfz. 182)

Wie beim »Tiger I« konkurrierten die Firmen Henschel & Sohn als auch Porsche um die vom Heereswaffenamt ausgeschriebene Vergabe bei der Entwicklung und anschließenden Serienproduktion eines »Tiger I«-Nachfolgers. Auch hier konnte sich Henschel durchsetzen. Der neue »Tiger II« sollte mit noch stärkerer Bewaffnung und Panzerung Feindpanzer auf noch größere Gefechtsentfernungen wie bisher bekämpfen können. Damit suchte man den steigenden Panzerzahlen der Gegner zu begegnen, indem man diese schon auf Entfernungen bekämpfte, auf denen diese ihre Kanonen nicht wirksam einsetzen konnten – so die Theorie. Mit einer stärkeren Panzerung verbaute man sich zwar Schnelligkeit und Wendigkeit, doch ein besser gepanzertes Fahrzeug konnte auch Treffern durch Panzerkanonen und Panzerabwehrwaffen im Nahbereich besser widerstehen. Als Neuentwurf stellte der »Tiger II« keine eigentliche Weiterentwicklung des »Tiger I« dar, sondern orientierte sich in der Formgebung mit der abgeschrägten Panzerung etwa am »Panther«. Wie bei diesem waren Seiten und Front von Turm und Wanne geneigt, so dass sich bis zu 150 mm Panzerschutz ergaben. Als Hauptbewaffnung kam die moderne 8,8 cm Kampfwagenkanone 43 L/71 zum Einsatz, eine Modifikation der Pak 43, deren Rohr länger war als das des »Tiger I« und stärkere Munition verschoss. Mit dieser konnten auf Entfernung bis zu 4000 m Feindpanzer und andere Ziele mit hoher Trefferwahrscheinlichkeit bekämpft werden. Mit 69,7 t Gefechtsgewicht stellte der »Königstiger« den schwersten deutschen in Serie produzierten Panzerkampfwagen dar. Zwischen Sommer 1944 und März 1945 wurden lediglich 487 Exemplare fertig gestellt. Der Tiger II kam zuerst an der Westfront im Rahmen der alliierten Landungen in der Normandie zum Einsatz. Anschließend wurden mit »Tiger II« ausgestattete schwere Panzerabteilungen sowohl an der West- wie auch der Ostfront eingesetzt und in den letzten Kriegsmonaten auf Reichsgebiet. Der Einsatzbereich des Tiger II blieb aufgrund der hohen Masse, des Treibstoffverbrauchs und der Anfälligkeit des Fahrwerks zwar immer überschaubar; doch im Gefecht konnte er sich in aller Regel gegen sämtliche Feindpanzertypen durchsetzen. Auch gegen die modernen schweren sowjetischen »Stalin-II«-Panzer, die zwar einige Vorteile aufwiesen, deren 122-mm-Kanone aber eine deutlich geringere Schussfolge, eine weniger gestreckte Flugbahn und eine weniger leistungsfähige Optik aufwies. Zudem waren deutsche Panzerbesatzungen besser ausgebildet.

Panzerkampfwagen VI Tiger II (»Königstiger« mit »Henschelturm«) im Panzermuseum Munster, 2018.

4.1.4. Panzerkampfwagen VIII »Maus« (Sd.Kfz. 205) Panzermuseum Kubinka

63-й км Минского шоссе, пос. Кубинка 1, Moscow Oblast, Russland, 143070
https://patriotp.ru/obekty/restavratsionno-tekhnicheskiy-tsentr/
GPS: 55°33'58.64"N 36°42'56.28"E

Der Kampfwagen VIII »Maus« war das letzte schwere deutsche Panzerkampfwagen-Projekt im Zweiten Weltkrieg, dass es noch ins Prototypenstadium schaffte. Von ihm wurden trotz drei Jahren Entwicklungszeit nur 2 Prototypen fertig gestellt, von denen vor Kriegsende aber keiner – zumindest nicht waffenmäßig – noch zum Einsatz kam. In der Literatur wird das Projekt als eines der Beispiele von Hitlers Gigantomanie charakterisiert bzw. kritisiert. Dies trifft sicherlich zu, doch auch in der Sowjetunion und in Großbritannien verfolgte man ähnliche Projekte. Die Entwicklung des Großpanzers »Maus« ist mittlerweile u. a. von Michael Fröhlich gut dokumentiert (Kampfpanzer Maus, Motorbuch Verlag 2013), hier ein Auszug: »Die deutschen Militärs hatten die Entwicklungen im internationalen Panzerbau beobachtet und vor allem Hitler befürchtete das Auftreten überschwerer russischer Panzer spätestens im Frühjahr 1943, nachdem schon 1941 der russische T 34, der schwere KW-1 und der 52 Tonnen schwere KW-2 ein Problem für die deutschen Panzer geworden waren. Schließlich lagen Hitler Anfang 1942 auch Berichte über einige, nur in geringer Zahl hergestellte sowjetische Riesenpanzer von über 100 t vor, ausgerüstet mit einer 10,5-cm-Kanone und zwei weiteren Geschützen sowie vier Maschinengewehren.«
Und so initiierte Hitler im März 1942 die Entwicklung eines überschweren Kampfpanzers, indem er Entwicklungsaufträge an die Firmen Porsche und Krupp vergab. Als Einsatzszenario sah er das Operieren des Panzers im Verband mit anderen leichteren Panzerkampfwagen ähnlich wie bei einem Schlachtschiff, das Zerstörer umgeben. Kleinere Panzer sollten vorausfahren bzw. ihn begleiten und so etwa vor Minen und anderen Gefahren schützen. Der Riese aber sollte in Reichweite, Panzerung und vor allem Feuerkraft jeglichen Gegnern überlegen sein, Feindpanzer schon auf große Entfernungen ausschalten, und als eine Art Rammbock jeden Widerstand brechen.
Nach dem fast ein Jahr verstrichen war, erhielt nach Gegenüberstellung der beiden Konkurrenzentwürfe letztlich Porsche im Januar 1943 von Hitler den Auftrag für die Entwicklung. Bei Krupp in Essen verblieben die Fertigung des Turmes, der Bewaffnung und der Wanne. Skoda wurde in die Konstruktion und Fertigung des Laufwerkes einbezogen. Für die Elektrik war Siemens-Schuckert verantwortlich. Die Endfertigung war bei der Altmärkischen Kettenfabrik (Alkett) in Berlin vorgesehen. Angestrebt wurde eine monatliche Produktion von fünf Fahrzeugen. Am 1. Mai 1943 wurde Hitler ein Holzmodell der »Maus« in Originalgröße präsentiert. Durch die Bombardierung des Essener Krupp-Werkes im August 1943 verzögerte sich der Projektfortschritt maßgeblich. Erst am 24. Dezember 1943 konnte bei Alkett in Berlin erstmalig eine kurze Probefahrt des ersten Prototyps mit der Porsche-internen Kennzeichnung 205/1 vom Porsche-Fahrer Karl Gensberg erfolgreich absolviert werden. Hierbei wurde sich über die Anweisung von Rüstungsminister Albert Speer hinweggesetzt, der sich vorbehielt, jede Fahrt explizit zu genehmigen.
Anstatt des noch nicht gelieferten Turmes kam hierbei ein mit 55 t gleich schwerer Belastungskörper zum Einsatz. Anschließend erfolgten erste Tests auf der Heeresversuchsstelle Kummersdorf bei Berlin. Die Versuche erforderten immer wieder Reparaturen und Anpassungen. Wegen schwerer Luftangriffe im Norden Deutschlands und der daraus resultierenden Schwierigkeiten bei der Ersatzteilbeschaffung erfolgte eine Verlegung in die Nähe des Porsche-Werkes auf das Gelände der Hindenburg-Kaserne, eine der beiden Panzerkasernen in Böblingen bei Stuttgart. Der Bahntransport dauerte 3 Tage, da keine Tunnel und Eisenbahnbrücken passiert werden durften. Zum Einsatz kam ein extra hierfür von den Graz-Simmering-Paukerwerken in Wien konstruierter und gefertigter 14-achsiger Spezialwagen der Deutschen Reichsbahn. Nach dem Eintreffen in Böblingen am 14. Januar 1944 wurden bis Anfang Oktober 1944 umfangreiche Fahrversuche durchgeführt und dokumentiert. Das Fahrzeug erhielt seinen 3-farbigen Tarnanstrich. Die zusätzlich an der Wanne aufgebrachten Symbole Hammer und Sichel sollten suggerieren, dass es sich um einen russischen Beutepanzer handelte, wie sie in Böblingen häufig zu sehen waren.
Wegen der Priorität der Sturmgeschütz-Fertigung ließ Alkett das zweite Fahrgestell 205/2 bereits nach Böblingen transportieren, obwohl noch Turm und Motor fehlten, wo es am 10. März 1944 eintraf. Der Turm ohne Kanonen wurde am 3. Mai 1944 angeliefert. Nach Einbau der Geschütze montierten Krupp-Mechaniker am 9. Juni 1944 den Turm auf das Fahrgestell 205/2. Im Oktober 1944 erfolgte der Einbau des Motors MB 517 und abschließend der Dreifarb-Tarnanstrich. Der vollständig fertig gestellte Panzer wurde, wie auch der erste Prototyp, für abschließende Tests wieder zur Heeresversuchsstelle Kummersdorf verbracht. Weitere Fahrerprobungen

fanden durch die Kraftfahrer Fritz Behnisch, Hantschik und Zebitz statt. Beim Prototyp mit Turm wurde auch die Standardbewaffnung getestet. An eine Serienfertigung war unter den Bedingungen von 1944 nicht zu denken.

Seine Überlegenheit sollte der Panzerkampfwagen »Maus« bekanntlich durch eine enorme Panzerung und leistungsfähige Bewaffnung erzielen. Zur Panzerung, die immer wieder verstärkt wurde, gibt es in verschiedenen Publikationen unterschiedliche Angaben. Sie soll an der Front letztlich 240 mm betragen haben, womit sie von keiner der damals eingesetzten Panzergranaten hätte durchschlagen werden können. Die Panzerung am Heck soll eine Stärke zwischen 160 mm (Wanne) und 200 mm (Turm) und an den Seiten zwischen 180 mm (Wanne) und 200 mm (Turm) besessen haben. Im Panzermuseum Kubinka wird die Panzerung des Turmes an der Front und den Seiten mit 210 mm, an der Front der Wanne mit 200 mm und an den Seiten zwischen 105 bis 185 mm angegeben. Das Gewicht der »Maus« erreichte 188 t (Prototyp mit Belastungskörper) bzw. 187 t (Prototyp mit Turm). Das massige, eher unförmig wirkende Aussehen der »Maus« ist der starken Panzerung geschuldet, die eine andere Formgebung fabrikatorisch unmöglich machte, was aber auch nicht erforderlich war. Die Hauptbewaffnung bestand im Gegensatz zu allen anderen deutschen Panzerkampfwagen aus zwei Kampfwagenkanonen, bei der Primärbewaffnung einigte man sich auf die Verwendung einer 12,8-cm-KwK 44 L/55, als sekundäre Bewaffnung fungierte eine koaxial angeordnete kurzrohrige 7,5-cm-KwK 44 L/36,5. Darüber hinaus wurde der Panzer mit einem 7,92-mm-MG 42 zur Nahsicherung ausgestattet. Die Stopfenöffnung in der Auswurfluke auf der Turmrückseite sowie je eine Öffnung mit Kugelblende in der Mitte der seitlichen Turmwand ermöglichten zudem den Einsatz einer Maschinenpistole MP 38. Zusätzlichen Schutz sollte eine Nebelmittelwurfanlage bieten. Voll aufmunitioniert sollte die »Maus« 68 x 12,8-cm-Granaten, 200 x 7,5-cm-Granaten und 1000 x 7,92-mm-Patronen mitführen. Gemäß den Forderungen des Heereswaffenamtes wurde zusätzlich eine Flammenwerferanlage mit 1000 l Kapazität integriert. Die sechsköpfige Besatzung der »Maus« bestand aus dem Kommandanten, dem Fahrer, dem Funker, dem Richtschützen und zwei Ladeschützen.

Das enorme Gewicht stellte die Entwickler vor große Herausforderungen bezüglich einer adäquaten Motorisierung. Porsche favorisierte hier einen modifizierten Flugmotor von Daimler-Benz, den 12-Zylinder-Ottomotor MB 509 mit 1080 PS. Der Motor trieb zwei Elektromotoren an, die wiederum die beiden Antriebsräder der 110 cm breiten Gleiskette bewegten. Es handelte sich somit um einen benzinelektrischen Antrieb, dessen Kraftstoffverbrauch mit 3800 l/ 100 km im Gelände (1400 l/ 100 km auf der Straße) allerdings viel zu hoch ausfiel. Das war der Grund, den zweiten Prototyp mit einem, ebenfalls von Daimler-Benz entwickelten, wassergekühlten 12-Zylinder-Dieselmotor MB 517 auszurüsten. Mit seinen 1200 PS erreichte er eine ähnliche Leistung mit einem wesentlich geringeren Kraftstoffverbrauch. Zusammen mit einem Abwurftank am Heck besaß die »Maus« einen Kraftstoffvorrat von insgesamt 4200 l, wobei die Angaben zum Abwurftank in den Publikationen entweder 1000 oder 1500 l betragen. Die Forderung nach einer Geschwindigkeit von 20 km/h auf der Straße konnte erfüllt

Panzerkampfwagen VIII »Maus« in Kummersdorf, Winter 1944.

Das erhaltene Exemplar des Panzer »Maus« in Panzermuseum Kubinka, 2019.

werden, im Gelände erreichte die »Maus« selten mehr als 12 km/h. Mit diesen Geschwindigkeitsparametern wäre eine Teilnahme an beweglich geführten Gefechten kaum möglich gewesen. Das hohe Gewicht hätte zudem eine eigenständige Verlegung an einen entfernteren Einsatzort, als auch den Bahntransport als Alternative weitgehend ausgeschlossen. Bemerkenswert war, dass der Panzer trotz der enormen Größe auf der eigenen Achse wenden konnte. Das Laufwerk bestand je Seite aus einem Leitrad vorn, zwölf Laufrollenpaaren und zwölf Stützrollen, sowie dem Treibrad hinten. Weitere Parameter des Panzers waren eine Watfähigkeit von 200 cm bzw. 800 cm bei Tauchfahrt mit einem aufgesetzten Schnorchel, eine Kletterfähigkeit von 72 cm und eine Überschreitfähigkeit von 450 cm. Der Panzer konnte Steigungen von bis zu 30° überwinden.

Die »Maus« war mit einem Funkgerät des Typs FuG 5 SE 10 U und zwei 2-m-Stabantennen ausgestattet.

Nachteilig erwies sich bei diesem Projekt die Tatsache, dass es sich um eine völlige Neuentwicklung handelte, die nicht auf bereits erprobte Baugruppen aufbauen konnte. Die hohe Komplexität des Projektes erforderte die Kooperation verschiedener deutscher Firmen. Die Hauptkomponenten wurden an acht Standorten in Deutschland und der Tschechei produziert. Diese Aspekte waren maßgeblich für die lange Entwicklungs- und Fertigungsdauer.

Als die Front im Frühjahr 1945 näher rückte, ließ man beide Panzer für den Einsatz vorbereiten. Der Prototyp 205/1 wurde nach Wünsdorf verlegt, blieb dort aber auf dem Hindenburgplatz, der heutigen Kreuzung Zehrensdorfer Straße und Zeppelin- bzw. Gutenbergstraße, wegen eines Getriebeschadens liegen. Hier wurde er von seiner Besatzung gesprengt, wobei der Turm abgeworfen und die Fahrzeugwanne komplett zerstört wurde. Möglicherweise sollte der Panzer für die Verteidigung des Hauptquartiers des Oberkommandos des Heeres eingesetzt werden. Der Prototyp 205/2 wurde in Kummersdorf gesprengt, blieb aber trotz Beschädigungen im Inneren äußerlich intakt. Nach der Erbeutung montierte die Rote Armee den Turm von »Maus« 205/2 auf die Wanne von 205/1 und transportierte das Fahrzeug zu Testzwecken nach Kubinka bei Moskau. Nach Abschluss der Tests 1951 erfolgte der Ausbau der gesamten Technik im Inneren. Das ausgeschlachtete Fahrzeug wird als einzige verbliebenes »Maus«-Exemplar seit 1978 im Panzermuseum Kubinka ausgestellt. Neben den beiden fertig gestellten Prototypen befanden sich drei weitere Exemplare bei Krupp in Essen im Bau, von denen Teile den Westalliierten bei der Einnahme in die Hände fielen.

4.2 Ladungsträger

4.2.1 Leichter Ladungsträger »Goliath« (Sd.Kfz. 302/303)

Deutsche Panzermuseum Munster, Hans-Krüger-Straße 33, 29633 Munster
https://daspanzermuseum.de
GPS: 52°59'12.87" N 10° 6'36.45"E
Militärhistorisches Museum der Bundeswehr, Olbrichtplatz 2, 01099 Dresden
https://www.mhmbw.de/
GPS: 51° 4'42.17"N 13°45'36.36"E

Der »Goliath« war ein gepanzertes deutsches Pioniergerät ohne Besatzung, welches mittels Fernsteuerung Wirkmittel wie Sprengladungen möglichst nah an den Gegner bringen sollte. Ideen zur Entwicklung entsprechender Fahrzeuge entstanden bereits Jahre zuvor in verschiedenen Ländern. 1940 erhielt die Firma Borgward vom Heereswaffenamt den Auftrag zur Entwicklung eines Kleinst-Raupenfahrzeugs zum Transport einer 50-kg-Sprengladung. Vorbild war dabei der von Adolphe Kégresse entworfene Prototyp eines ferngelenkten Sprengladungsträgers auf Ketten, den die Wehrmacht in Frankreich erbeutet hatte. Die erste in Serie gefertigte Variante war das mit zwei handelsüblichen elektrischen Kfz-Startermotoren ausgestattete batteriebetriebene Sonderkraftfahrzeug (Sd.Kfz.) 302 mit einer Gesamtleistung von 8 PS (2 x 2,5 kW). Die Bezeichnung »Goliath« wurde erst 1944 eingeführt. Der Ladungsträger wog 370 kg, war 150 cm lang, 85 cm breit und nur 56 cm hoch. Mit seinen beiden Batterien und einer Kabelfernsteuerung konnte er eine 60-kg- Sprengladung maximal 1500 m weit transportieren. Für größere Entfernungen genügte die Kapazität der beiden Batterien nicht. Das Gehäuse aus Panzerblech hatte eine Stärke von lediglich 5 mm. Der Einsatz sollte folgendermaßen erfolgen: Der Ladungsträger wurde mittels zweirädrigem Transportkarren oder per Lkw zu seinem Einsatzort verbracht und dort abgeladen. Mit dem eigenen Antrieb wurde er in seine Ausgangsstellung gefahren und überprüft. Die zweiköpfige Bedienung bezog gedeckt Stellung und bereitete den Einsatz vor. Sobald das Ziel aufgeklärt und bekämpft werden konnte, wurde das Fahrzeug mit der Sprengladung in Bewegung gesetzt und per Kabelfernsteuerung ins Ziel gelenkt, um dort durch das Auslösen der Sprengladung die gewünschte Wirkung zu erreichen, wie eine Bresche in die gegnerische Verteidigung zu schlagen oder Waffensysteme zu zerstören. Der Leitungsdraht zur Fernsteuerung wurde von einer Kabeltrommel, die sich im hinteren Teil des Ladungsträgers befand, abgespult. Er war an einem mit Taschenlampenbatterien bestückten Befehlsgeber mit Bakelithülle angeschlossen. Die geringe Größe des Trägers sollte die Entdeckung und das Bekämpfen des Einsatzmittels erschweren.

Im Gegensatz zum zuvor entwickelten schweren Ladungsträger »Borgward B IV« (Sd.Kfz. 301), der seine Ladung über eine Vorrichtung ins Ziel warf und danach wieder verwendet werden konnte, zerstörte die Detonation der Sprengladung auch den Träger selbst.

Seine Bewährungsprobe hatte der leichte Ladungsträger bei den Stellungskämpfen an der Ostfront im Frühjahr 1942. Hier konnte er erfolgreich gegnerische Vorposten ausschalten, was auch am Überraschungsmoment des noch unbekannten Einsatzmittels lag. Nachteilig erwies sich aber seine geringe Reichweite und die zu schwache Panzerung, die MG-Beschuss nicht standhalten konnte. Bei einem Stückpreis von rund 3000 Reichsmark und bei nur einmaliger Verwendung war das inakzeptabel.

Zündapp entwickelte deshalb eine neue Variante, das Sd.Kfz. 303. Äußerlich ähnelte das Modell seinem Vorgänger, war aber mit einem 703-cm^3- 2-Zylinder-Benzinmotor ausgestattet, der mit einem 6-l-Tank eine Reichweite von 10 km erzielte. Ein charakteristisches Merkmal war die Haube über der Luftzufuhr für den Motor an der Oberseite des leichten Ladungsträgers. Der Motor erreichte laut Dienstvorschrift eine Höchstleistung von 12,5 PS und eine Dauerleistung von 7,5 PS. Die Höchstgeschwindigkeit betrug 11 km/h, als Marschgeschwindigkeit wurden 5 km/h angegeben. An den empfindlichen Stellen des Rumpfes war das Fahrzeug jetzt mit 1 cm starkem Panzerblech versehen. Es war auch geringfügig größer (162 cm lang, 84 cm breit und 60 cm hoch) und verfügte über mehr Bodenfreiheit (Mitte 168 mm, seitlich 114 mm) als die Variante mit Elektromotor. Durch die höhere Motorleistung und etwas größere Abmessungen war nun der Transport einer Ladung von 75 kg möglich. Die Herstellungskosten verringerten sich auf 1000 Reichsmark pro Fahrzeug. Der Ladungsträger mit Verbrennungsmotor wurde ab April 1943 eingesetzt. Ein entscheidender Nachteil dieses Motors gegenüber dem Elektromotor war die höhere Lautstärke, die insbesondere bei Stille eine unbemerkte Annäherung nicht mehr ermöglichte. Da im Einsatz festgestellt wurde, dass die Sprengwirkung im Ziel nicht immer ausreichte, wurde das Fahrzeug noch einmal modifiziert, um eine höhere Sprengladung von jetzt 100 kg transportieren zu können. Hierzu wurde die Länge und Breite noch einmal etwas vergrößert. Anfang 1944 erfolgte die letzte technische Modifikation des nun »Goliath« genannten Ladungsträ-

gers, die zu einer leichten Erhöhung der Höchstgeschwindigkeit führte. Die Länge wurde geringfügig verkürzt. Die Grabenüberschreitfähigkeit vergrößerte sich etwas, vermutlich auf Grund des leistungsgesteigerten Motors.
In der Propaganda wurde der »Goliath« als neuartige Waffe gegen Bunker und Panzer angepriesen. Die Innsbrucker Nachrichten vom 25. März 1944 beschreiben eine Szene aus »Die neue Wochenschau« Nr. 707 wie folgt: »Unablässig sind unsere Erfinder und Techniker am Werk, der Front die Waffen zu liefern, deren sie zur Abwehr des Feindes bedarf. Eine neuartige Waffe gegen Panzer und Bunker, der »G o l i a t h«, ein fernzusteuernder Zwergpanzer, wird zum Einsatz vorbereitet. Das Angriffsziel ist ein feindlicher Kampfwagen, dem das Fahrzeug entgegengeschickt wird. Wenige Augenblicke später jagt die Ladung des ferngezündeten »Goliath« den Stahlkoloß in die Luft! . . .« In den Aufnahmen der Wochenschau ist klar zu erkennen, dass es sich um eine gestellte Szene handelte.
Im Praxiseinsatz versagte der »Goliath« aber häufig, entweder wegen technischer Fehler oder Fehlbedienung. Der Ladungsträger erreichte sein Ziel nicht oder die Sprengladung detonierte nicht bzw. durch gegnerischen Beschuss bereits zu früh. Die Ketten hielten oft feindlichem MG-Feuer nicht stand. Außerdem soll der »Goliath« nur schwer zu handhaben gewesen sein. Der größte Schwachpunkt war die Kabelfernsteuerung, die leicht beschädigt werden konnte, wodurch das Erreichen des Einsatzzieles nicht mehr möglich war.
Der Ladungsträger soll bei der alliierten Landung in der Normandie eingesetzt worden sein, hier sind aber keine Informationen über die Wirksamkeit überliefert. In der Literatur wird lediglich auf schwere Unfälle mit dem noch unbekannten, vielfach in seiner Wirkung unterschätzten System verwiesen. Zum Einsatz bei den Kämpfen im Zusammenhang mit der Landung der Alliierten bei Anzio und Nettuno in Italien am 22. Januar 1944 schrieb Generalfeldmarschall Kesselring in seinen Memoarien »Soldat bis zum letzten Tag«: »… während die für unsere Begriffe reichlich vorhandenen Panzer und die ferngesteuerten »Goliathe« versackten und versagten«. 36 »Goliath« sollen an der Niederschlagung des Warschauer Aufstandes im Spätsommer 1944 beteiligt gewesen sein. Der letzte dokumentierte Einsatz fand Ende April 1945 im von sowjetischen Truppen eingeschlossenen Breslau statt.
Bis Kriegsende wurden vom »Goliath« 7569 Stück produziert, davon ca. 2/3 mit Verbrennungs- und ca. 1/3 mit Elektromotor. Die hohe Anzahl von 6324, die sich bei Kriegsende noch in den Beständen der Wehrmacht befanden haben sollen, also nicht eingesetzt wurden, können als Indiz für die Unzulänglichkeiten dieses Systems bzw. seiner komplizierten Handhabung und dem daraus resultierenden geringen Einsatzwert für die Truppe gewertet werden.
Heute finden sich einige erhaltene Originale beider Grundvarianten des leichten Ladungsträgers in Militärmuseen verschiedener Länder.

Leichter Ladungsträger 302 mit Elektro-Motor und Befehlsgeber, MM Park La Wantzenau,

In den letzten Kriegsmonaten fiel militärisches Gerät in die Hände der US-Streitkräfte, 1944.

Leichter Ladungsträger 303 mit Benzin-Motor, Militärhistorisches Museum, 2022.

Ladungsträger Goliath als Ausstellungsstück im Museum bei Moskau, 2019.

Weitere Ladungsträger im Park Patriot bei Moskau, 2019.

4.2.2 Mittlere und schwere Ladungsträger

Neben dem Goliath wurden für die Pioniertruppe und für besondere Kommandos weitere Ladungsträger im Auftrag des Heereswaffenamtes entwickelt. Diese besonderen Fahrzeuge sollten mit Sprengmitteln versehen nicht nur Schneisen durch Minenfelder sprengen, sondern auch Brücken und Bunker aber auch feindliche Panzerwaffen zerstören. Die Ladungsträger wurden mittels Fernbedienungen zum eigentlichen Ziel gesteuert.

Vom Mittleren Ladungsträger (Sd.Kfz. 304) »Springer« wurden bis Ende des Krieges 50 Exemplare von der Firma NSU ausgeliefert. Auf einem Einsatzbereich von bis zu 200 km (Straße) beziehungsweise 80 km (Gelände) konnten 330 kg Sprengstoff zum Ziel transportiert werden. Ein Fahrer musste dazu das Fahrzeug in die Nähe des Zieles fahren und konnte anschließend die letzten Meter den »Springer« ins Ziel steuern. Es musste also immer eine Sichtverbindung oder Einweisung durch einen Späher bestehen. Die Verbindung zwischen der Steuereinheit und dem Springer konnte mittels einer Kabel- oder Funkverbindung erfolgen. Doch ein massenhafter Einsatz scheiterte an den hohen Baukosten durch das relativ hohe Gewicht von 1,5 Tonnen und einer schlechten Geländefähigkeit.

Dadurch, dass die Ladungsträger »Goliath« oder »Springer« jeweils mit jedem Einsatz vollständig zerstört wurden, sucht man nach weiteren Möglichkeiten, um Sprengmittel ressourcensparender einzusetzen. Durch die Entwicklung des Schwere Ladungsträger (Sd.Kfz. 301) Borgward B IV entstand ein Fahrzeug, das nicht nur ferngesteuert in Richtung der Ziele operieren, sondern die Sprengladung auch absetzen konnte. Das an unterschiedlichen Standorten in Bremen angesiedelte Automobilunternehmen Borgward zählte zu einem der wichtigsten Automobilunternehmen in Deutschland in den 1930-er Jahren. Neben den beiden Minenräumwagen B I und B II standen ab 1940 zwei stark geschützte Fahrzeuge für das Räumen von Minen zur Verfügung. Sie sollten mit einem Räumwalzen-Anhänger schnell und sicher Minengassen für die Infanterie schaffen. Bei Einsätzen an der französischen Maginot-Linie konnten die Fahrzeuge zwar die Personenminen, aber nicht die Panzerminen räumen. Fast alle hier eingesetzten Fahrzeuge wurden beim Räumen der Minen zerstört.

Daher bestellte das Heereswaffenamt 1941 einen modifizierten Ladungsträger, der 363 kg, 450 kg oder 500 kg Sprengladung aufnehmen und letztlich ferngesteuert absetzen hätte können. Erst nachdem sich das 3,45-t-Fahrzeug wieder in einem sicheren Bereich befand, hätte man die Sprengladung ausgelöst. Der Borgward B IV basiert in Teilen auf erbeuteten fernsteuerbaren französischen Fahrzeugen. Bis Ende des Krieges wurden in Summe 1193 Stück des Schweren Ladungsträger Borgward B IV gefertigt. Wie der »Springer« konnte der Borgward von einem Fahrer oder ferngesteuert bewegt werden. Letztlich standen drei unterschiedliche Ausführung zur Verfügung, die sich an unterschiedlichen Einsatzzwecken orientierten.

Über die B- und C-Ausführungen wurde nicht nur die Panzerung verbessert, sondern auch der Einbau eines leistungsfähigeren Motors notwendig. Versuche, die ferngesteuerte Reichweite mit eigens eingebauten Fernsehkameras zu erhöhen, waren bis Kriegsende nicht abgeschlossen. Sie können als Vorläufer der heutigen Fernlenkmanipulatoren bei Kampfmittelräumdiensten, Polizei und Militär gelten.

Schwerer Ladungsträger Borgward B IV im Panzermuseum Munster, 2018.

4.3 Minenräumer

Das Heereswaffenamt war über den Erfolg des maschinellen Minenräumers durch die Sonderfahrzeuge der Firma Borgward nicht zufrieden. Daher vergab das Amt im September 1940 einen Auftrag an die Firmen Altmärkische Kettenwerk GmbH (Alkett) und Krupp zur Entwicklung eines reinen Minenräumers. Dieser sollte eine Schneise von 3 m Breite räumen können und zugleich die Insassen als auch das Fahrzeug vor feindlichen Beschuss als auch vor Detonation der Minen schützen.

Nachdem sich Alkett aus dem Projekt zurückgezogen hatte, konnte Krupp im September 1942 einen 15,6 m langen und knapp 3 m hohen Prototypen präsentieren. Das als »Räumer-S« bezeichnete Fahrzeug wog 130 t und bestand aus zwei gleich aussehenden Fahrzeughälften, die mit einer hydraulischen Kupplung miteinander verbunden waren. Die Seitenpanzerung beider Fahrerkabinen schütze die bis zu je vier Insassen lediglich vor Handwaffengeschossen. Die 53 cm breiten und 2,7 m hohen Stahlräder trugen 15 cm starke Gummipolster. Durch einen Federweg des gesamten Fahrzeugs von 110 cm sollten die Detonationen abgefangen werden. Durch die Breite von 3270 mm sollte eine relativ große Räumbreite erreicht werden. Nach den alliierten Luftangriffen auf das Ruhrgebiet, insbesondere auf die dortige Rüstungsindustrie so auch auf die Krupp-Werke in Essen, wurde der Räumer-S zur Heeresversuchsanstalt Hillersleben abtransportiert und sollte dort fertig gestellt werden. Eine volle Einsatzbereitschaft war für November 1944 vorgesehen.

Doch durch den Vormarsch der amerikanischen Streitkräfte mit der Besetzung der Versuchsanstalt fiel der Räumer-S in deren Hände. Nach seiner Begutachtung bezweifelten die amerikanischen Streitkräfte den geplanten Einsatzzweck, da durch die relativ schmalen Räder nicht auf der gesamten Breite des Fahrzeuges eine Beräumung der Minen erfolgt worden wäre. Eigentlich sollte das Fahrzeug in die Vereinigten Staaten überführt werden. Doch nach seiner Zerlegung und dem Abtransport verlor sich seine Spur.

Prototyp des Räumers in den Krupp-Werken, 1944.

Ein Angehöriger der Alliierten nach Ende des Krieges vor den Überresten des Räumers, 1945.

In Hillersleben fiel der Räumer in die Händer der US-Streitkräfte, 1945.

4.4. Produktionseinrichtungen

Auch wenn eine Produktion der Waffen an unzähligen Standorten auf dem Gebiet des Deutschen Reiches und in den von der Wehrmacht besetzten Ländern stetig auf- beziehungsweise ausgebaut wurde, sollen besondere Werke eine Erwähnung finden.

4.4.1. Nibelungenwerk

Steyrer Str. 32, 4300 St. Valentin, Österreich
GPS: 48°09'28.9"N 14°29'42.5"E
(Nibelungenwerk)
GPS: 48°09'39.3"N 14°30'17.2"E
(KZ Gedenkstätte)

Unweit der niederösterreichischen Stadt St. Valentin wurde wenige Monate nach der Angliederung Österreichs ans Deutsche Reich im April 1938 der Bau einer der größten Panzerfabriken beschlossen. Dem Großraum Linz fiel in den Planungen des NS-Regimes eine besondere Rolle zu. Neben der Umgestaltung der Stadt zur Kulturhauptstadt sollte der Großraum zu einem modernen Rüstungszentrum ausgebaut werden. Nachdem im Mai 1938 die Reichswerke AG für Erzbergbau und Eisenhütten »Hermann Göring« Linz als Tochtergesellschaft der Göringwerke gegründet wurde, standen bereits effiziente Stahl- und Eisenwerke zur Verfügung. Die in den Göringwerken gefertigten Panzerplatten wurden zur Fertigung der neu entwickelten Panzertypen nach St. Valentin transportiert. Unter der Tarnbezeichnung einer »Spielwarenfabrik« wurden in mehreren Etappen mehrere großräumige Fertigungshallen errichtet. Zwei Hallen verfügten über 120 x 120 m große Produktionsflächen. Die Serienfertigung des Panzerkampfwagen IV konnte offiziell 1942 hochgefahren werden. Nach einer vollständigen Fertigstellung sollten mehr als 300 Panzer monatlich allein dieses Werk verlassen. Doch schon vorher konnten die Nibelungenwerke bereits ab September 1940 erste Instandsetzungsarbeiten von beschädigten Panzern unter anderem vom Panzerkampfwagen III vornehmen. Nachdem in den Nibelungenwerken 1941 etwa 5000 Personen beschäftigt waren, konnte die Produktion im Verlauf des Zweiten Weltkrieges nur durch Einsatz von Fremd- und Zwangsarbeitern aufrechterhalten werden. Das KZ-Außenlager für bis zu 1500 hierher Verschleppte unterstand dem Konzentrationslager Mauthausen.

Bis Ende des Krieges verließen das Nibelungenwerk etwa 4800 Panzerkampfwagen IV. Insgesamt wurden von diesem Typ an allen Standorten 8500 Exemplare gefertigt, was ihn zum meist gebauten deutschen Panzerkampfwagen machte. Daneben erfolgte hier der Umbau des Porsche-Tiger zum Jagdpanzer »Elefant« sowie eine kleine Fertigungscharge des »Jagdtigers«.

Erst einige Monate nach dem Einmarsch der Roten Armee endete die Panzerproduktion, da die Sowjets hier noch einige Exemplare fertig stellen ließen, um sie auf einer ihrer Militärparaden in Moskau präsentieren zu können.

Heute befinden sich am Standort zahlreiche Unternehmen, vornehmlich Teilezulieferer der Automobilindustrie. Im Eingangsbereich erinnert eine kleine Gedenkstätte an den Aspekt der Zwangsarbeit.

Übersichtsplan der Werkshallen des Nibelungenwerkes, 1943

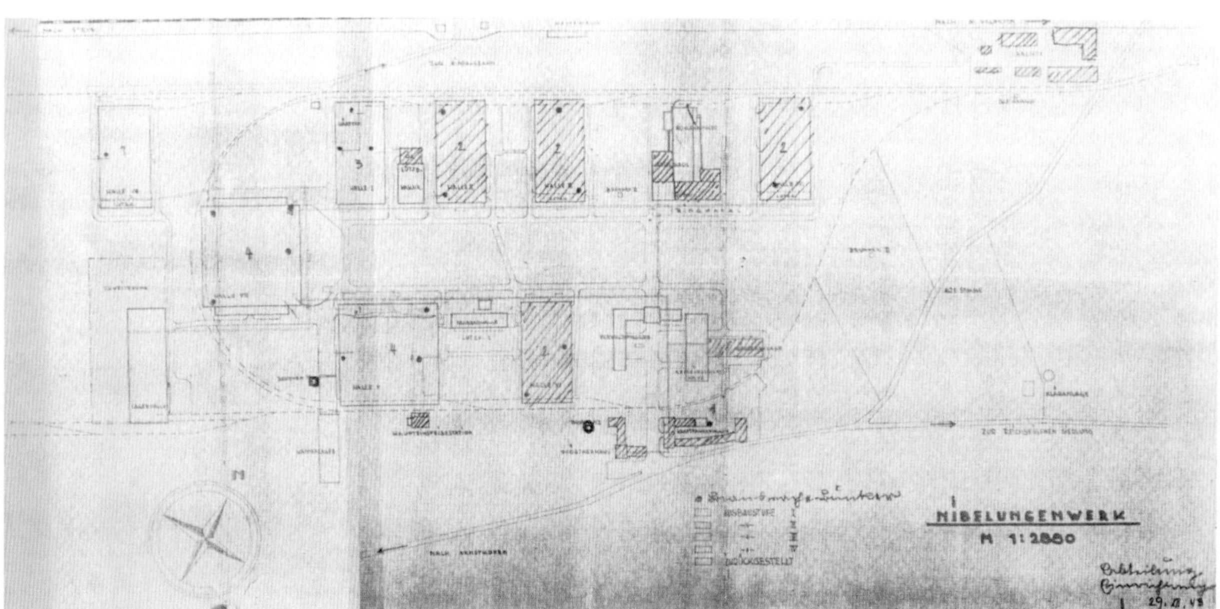

4.4.2. Henschel-Werke Kassel-Mittelfeld

Henschelplatz 1, 34127 Kassel
GPS: 51°20'01.1"N 9°29'14.5"E
(Zufahrt zum Areal der Henschel-Werke)
GPS: 50°53'40.8"N 9°45'59.1"E
(Fliegergedenkstätte Airmen's Memorial
im Seulingswald)

Nachdem sich das Kasseler Unternehmen Henschel & Sohn im 19. Jahrhundert mit dem Bau von Lokomotiven einen Namen erarbeitet hatte, führte die Produktion von kriegswichtigen Gütern ab den 1930er-Jahren wie Panzer und Geschütze dazu, dass die Henschel-Werke spätestens zu Beginn der 1940-Jahren zu den größten Rüstungsunternehmen in Westdeutschland zählten. In Kassel-Mittelfeld entstand außerhalb des eigentlichen Stadtgebietes ab 1917 ein weiträumiger Werkskomplex der Firma Henschel & Sohn. Bereits 1933 erhielt das Unternehmen einen ersten Entwicklungsauftrag für die Projektierung eines leicht gepanzerten Kettenfahrzeuges. Wenige Monate später im Juni 1934 begann die Produktion von 150 leichten Panzerkampfwagen des Typs I. Bis zum Beginn des Krieges verließen einige hundert Panzer die Henschel-Werke. Die Werksbücher weisen für 1939 den Bau nicht nur von 210 Panzern, sondern zusätzlich die Fertigung von 650 Lokomotiven, 2700 mittlerer und schwerer Lkw aus. Im Juni 1942 lief in den Henschel-Werke auch die Serienproduktion des schweren Panzerkampfwagens »Tiger« an. Zwei Jahre später folgte die Serienfertigung dessen Nachfolgers »Tiger II« (»Königstiger«). Die Henschel-Werke in Mittelfeld zählten zu einem der wichtigsten Rüstungsstandorte auf dem Gebiet des Deutschen Reiches.
Zwischen 1934 und 1944 verließen knapp 4000 Panzer die Werkstore der Henschel-Werke. Daneben wurden etwa doppelt so viele Geschütze gefertigt, darunter die 8,8 cm Panzerabwehrkanone Pak 43.
Durch die bedeutende Rolle der Henschel-Werke für die deutsche Kriegsrüstung flogen die britischen und amerikanischen Luftwaffen auf Kassel zahlreiche Luftangriffe. Unter der alliierten Bezeichnung »Kassel Mission« wird ein eigens entwickelter Luftangriff auf die Panzer-Produktionsstätte der Henschel-Werke am 27. September 1944 bezeichnet. 283 Bomber und 198 Begleitjäger sollten dabei das Rüstungswerk zerstören. Doch ein Teil der Bomber kam ohne Begleitschutz vom Kurs ab. Über dem Seulingswald wurden die 35 US-Bomber von etwa 150 deutschen Jägern abgefangen. 25 Bomber wurden abgeschossen, die restlichen zehn konnten durch Unterstützung nachgeeilter alliierter Jäger in Richtung England entkommen. Sechs davon stürzten aufgrund erlittener Beschussschäden auf dem Rückflug ab; nur vier erreichten England. Der Angriff auf Kassel zählt zu einem der verlustreichsten Einsätze der United States Army Air Force (USAAF) nach den Angriffen auf Schweinfurt im August und Oktober 1943, bei denen sie je 60 Bomber verloren hatte.

Kassel zählte bis Ende des Zweiten Weltkrieges zu den Städten mit den höchsten Opferzahl durch alliierte Luftangriffe. Schätzungen gehen von 7000-10.000 Menschen aus, die dabei ums Leben kamen.

Verladung eines neuen Kampfpanzer VI »Tiger I« im Henschel-Werk Kassel, ca. 1943.

4.4.3 Maushalle (Versuchsstelle Kraftfahrzeuge Kummersdorf)

An der Försterwiese, 15838 Am Mellensee
GPS: 52°05'30.5"N 13°21'53.1"E (Maushalle)

Im Auftrag des Preußischen Kriegsministeriums wurde Ende des 19. Jahrhunderts bei Kummersdorf etwa 50 km südlich Berlin ein großes Übungs- und Versuchsgelände für die Artillerie eingerichtet. Neben der Erprobung unterschiedlicher Waffen wurde dort 1917 die Versuchsstelle für einen Förderbahn- und Kraftwagenbetrieb gegründet, aus der neun Jahre später die Kraftfahr-Versuchsstelle für Motorräder, Personenkraftwagen, Lastwagen und Panzer hervorging.

In den 1930er-Jahren erweiterte man das Areal und baute ab 1938 nördlich von Horstwalde eine neue Versuchsstelle mit Teststrecken, Laboratorien und Werkstätten. Unter Einbeziehung von natürlichen Erhebungen entstanden unter anderem Steigungsbahnen mit einer Länge

von 32 m, Verwindungsbahnen, Kletterhindernissen und Watbecken. Hier wurden während des Krieges auch erbeutete Fahrzeuge intensiven Tests unterzogen, um ihre Schwachstellen und Vorzüge herauszufinden.

Auf einem Teilbereich der Versuchsstelle sollte die Montage des 188-t-Riesen-Panzerkampfwagens VIII »Maus« erfolgen. Aufgrund seines schieren Gewichtes konnte das Fahrzeug nur zerlegt transportiert werden und musste am Einsatzort erst komplettiert werden. Nach der militärischen Nutzung durch die Sowjets und die Nationale Volksarmee ging die Erprobungsstelle nach der Wiedervereinigung an die Bundesanstalt für Materialforschung und -prüfung (BAM) über, die sie noch heute als Testgelände nachnutzt. Die unter Denkmalschutz stehenden Steigungs- und Verwindungsbahnen können nach vorheriger Anfrage besichtigt werden. Die so genannte Maushalle wurde bis Kriegsende nicht fertig gestellt. Der mehrgeschossige Stahlbetonskelettbau blieb bis in die Gegenwart erhalten.

Luftbild der so genannten Maus-Halle auf einem Teilareal in Kummersdorf, 2017.

4.4.4. Untertageverlagerung »Richard"

Michalovická, 412 01 Litoměřice, Tschechien
GPS: 50°32'05.2"N 14°06'57.7"E (Krematorium Richard)

Ein einmaliges Kalksteinbergwerk in der Nähe der tschechischen Stadt Litoměřice (Leitmeritz) wurde im März 1944 zum Standort einer neuen Untertageverlagerung bestimmt. Nach seiner Fertigstellung sollten hier im bombengeschützten Untergrund Rüstungsgüter sowie synthetischem Treibstoff produziert werden. Nach der Fertigstellung hätten hier auf 30 km Länge umfangreiche Produktionsfläche zur Verfügung gestanden.

Durch die enorme Größe der Untertageverlagerung Richard wurde der Komplex in 3 Bereiche unterteilt. Richard I bezeichnete das Areal der Auto Union Chemnitz, die hier unter dem Deckmantel der Zweigfirma Elsabe AG Maybach-Panzermotoren vom Typ HL 230 fertigen sollten. Ende Oktober 1944 startete in einem kleinen bereits ausgebauten Bereich die Fertigung der Motoren, die vornehmlich für den Panzerkampfwagen VI »Tiger« bestimmt waren. Der 1,2 t schwere und 600 PS leistende Motor kam daneben in weiteren schweren Panzern zum Einsatz. Um einen reibungslosen Ablauf bei der Anlieferung der notwendigen Bauteile und die Auslieferung der fertigen Motoren effektiv zu gestalten, verfügte das unterirdische Rüstungswerk nicht nur über einen eigenen Eisenbahnanschluss, sondern die Gleise führten bis zu den unterschiedlichen Produktionsbereichen tief im Berg.
Das Objekt »Richard II« war für die Firma Osram vorgesehen, die hier unter anderem elektronische Ausrüstungsgüter wie Lampen für Funkmesssysteme und für die Raketenforschung produzieren wollte. In »Richard III« sollte eine unterirdische Raffinerie zur Herstellung von synthetischem Treibstoff in Betrieb gehen.
Von knapp 18.000 eingesetzten Zwangsarbeitern überlebten 4500 durch die schwere Arbeit und durch mangelnde Versorgung und Hygiene nicht. Das Außenlager unterstand dem Konzentrationslager Flossenbürg. An die umgekommenen Menschen erinnert heute am Standort des ehemaligen Krematoriums eine kleine Gedenkstätte. Der Bereich der Anlage »Richard III« wird seit 1967 als Lager für radioaktives Material aus Medizin, Forschung und Industrie genutzt.

Hauptstollen im Bereich Richard I, 2011.

Eingestürzter Fertigungsbereich Richard I, 2011.

Besonders gesicherte Stollen im Bereich Richard I, 2011.

Kreuzungspunkt mehrerer Stollen im Bereich Richard I, 2011.

Erinnerungsort am Krematorium des KZ-Außenlagers Richard, 2017.

4.4.5 Untertageverlagerung »Zement"

Zeitgeschichte Museum Ebensee
Kirchengasse 5, 4802 Ebensee, Österreich
KZ-Gedenkstollen Ebensee
Finkerleitenstraße, 4802 Ebensee, Österreich
www.memorial-ebensee.at
GPS: 47°48'47.3"N 13°46'18.0"E (Museum)
GPS: 47°47'06.0"N 13°45'38.6"E (KZ-Gedenkstollen)

Wegen der alliierten Luftangriffe auf die deutsche Rüstungsindustrie wurden im Verlauf des Zweiten Weltkrieges zahlreiche kriegswichtige Produktionsstätten in den bombensicheren Untergrund verlegt. Bei dem Ausbau entsprechender Anlagen kam es nicht nur zu umfangreichen Erweiterungen, sondern auch durch eine unterschiedliche und wechselnde Priorisierung zu wechselnden Nutzern. Die weitläufige Untertageanlage »Zement" wurde ursprünglich für einen Ausbau des Peenemünder Raketenprogramms aufgefahren. Doch nachdem der Fokus auf die Serienfertigung der A4-Rakete und damit eine Weiterentwicklung hin zu einer noch weitreichenderen Version spätesten im Sommer 1944 verworfen wurde, konnte das unterirdische Werk neuen Rüstungsprojekten zur Verfügung gestellt werden. Wenige Monate vor Kriegsende bezog die Steyr-Daimler-Puch AG die fertig gestellten Bereiche, um hier im bombengeschützten Untergrund Produktionsmaschinen aufstellen zu können. Für wenige Wochen wurden nun Motorenteile für Flugzeuge, Panzer und Lastwagen produziert. Neben diesem Werk zog in einem weiteren Teil der unterirdischen An-

Stollen im Bereich A der Untertageanlage »Zement«, 2012.

→ 7.50m ←

lage eine Raffiniere ein, um auch dringend benötigen Treibstoff herzustellen. Nachdem bereits Zwangsarbeiter für den Ausbau der Untertageverlagerung eingesetzt worden waren, wurden diese auch bei der späteren Fertigung eingespannt. Zwischen November 1943 und Mai 1945 starben 8745 Häftlinge. Heute wird auch dieser unrühmliche Aspekt der Geschichte im Regionalmuseum in Ebensee thematisiert.

Die Steyr-Daimler-Puch AG verlegte ihre Produktion an zahlreiche Orte in den Untergrund. Neben der Anlage »Zement« standen auch die Anlage »Marmor« in der steirischen Gemeinde Peggau sowie die Anlage »B9 Quarz« bei Roggendorf zur Verfügung. Im Wachberg bei Roggendorf wurden von über 14.000 KZ-Häftlingen etwa 7 km Stollen in den Berg getrieben, um hier eine Kugellagerfabrik unterzubringen.

Quer durch Europa erinnern heute an zahlreichen Orten Gedenk- und Mahnzeichen an die Ausbeutung und das Schicksal von Zwangsarbeitern.

Verladezone im Bereich A der Untertageanlage »Zement«, 2012.

Eingang zum so genannten Gedenkstollen des Bereiches B der Untertageanlage »Zement«, 2012.

4.5. Eisenbahngeschütze

Die Technologie der deutschen Eisenbahngeschütze basierte grundsätzlich auf dem Entwicklungsstand aus der Zeit des Ersten Weltkrieges. Mit der Wiederaufrüstung wurde diese großkalibrige Artillerie modernisiert, weiterentwickelt und seitens des Heeres als ursprüngliche Fernwaffe angesehen. Ursprünglich galten Festungen und große Bunkeranlagen als klassische Ziele der Eisenbahnartillerie. Der Einsatz war außerhalb der gegnerischen Artilleriereichweite vorgesehen und konnte nur bei eigener Luftüberlegenheit durchgeführt werden. Der eingeschränkte oder nicht vorhandene Seitenrichtbereich der Geschütze führte zu aufwändigen Vorbereitungsmaßnahmen in den vorgesehenen Feuerstellungen. Das führte folglich zum Neubau von Gleisabschnitten in Bogenform - auch Schießkurven genannt - oder speziellen Dreh- und Kreuzbettungen. Derartige Vorbereitungen banden fachliches Personal und große Mengen an Gleisbaumaterial. Noch aufwändiger gestalteten sich einige Feuerstellungen im besetzten Frankreich. In und um Sangatte, an der Atlantikküste gelegen, entstanden gewaltige Schutzbunker und Stollenanlagen sowie weitere Bunker für das Bedienpersonal. Insgesamt zeigte sich eine erhebliche Anfälligkeit der eisenbahntypischen Infrastrukturen unter den Bedingungen gegnerischer Luftraumüberlegenheit. Zudem konnte das bestehende Streckennetz die teils gewaltigen Eisenbahngeschütze nicht immer tragen (Brückenlasten und Lichtraumprofile). Die strukturelle Organisationseinheit stellten Eisenbahnartillerie-Batterien bzw. -Abteilungen dar, die Heeresgruppen oder Armeen unterstellt waren. Die mit dem überkalibrigen Dora-Geschütz ausgerüstete schwere Artillerie-Abteilung 672 war der Bedeutung angemessen direkt dem Oberkommando des Heeres unterstellt. Neben den von der Firma Krupp hergestellten Eisenbahngeschützen kam eine Reihe von französischen Beutegeschützen zum Einsatz, die teilweise noch aus dem Ersten Weltkrieg stammten. Insgesamt produzierte die deutsche Wehrwirtschaft nicht mehr als 50 Eisenbahngeschütze. Schlussendlich galt die Eisenbahnartillerie zum Ende des Zweiten Weltkrieges als endgültig überholte Waffengattung und ist mittlerweile vollständig obsolet geworden.

4.5.1. Bruno-Geschütze

Bei den Geschützen mit dem Tarnnamen »Bruno« handelte es sich um eine ganze Reihe von Eisenbahngeschützen mit unterschiedlichen Kalibern. Die Basis bildeten hierbei noch Konstruktionspläne aus der Zeit des Ersten Weltkrieges sowie Schiffsgeschütze, um im Rahmen eines Sonderprogramms in kürzester Zeit entsprechende Eisenbahn-Batterien mit Geschützen ausstatten zu können. Dies führte zu einer verwirrenden Vielfalt von Kalibern, die schlussendlich zu einer immer komplizierteren Munitionsversorgung führte. Die Geschütze der Bruno-Reihe stellten nach dem Standard-Eisenbahngeschütz K 5 die zweithäufigste Verbreitung dar und blieben teilweise bis Anfang 1945 im Dienst. Einsatzgebiete waren Frankreich, Belgien, die Sowjetunion, Polen und zuletzt Deutschland. Soweit bekannt, existieren heute keine Eisenbahngeschütze der Bruno-Reihe mehr.

Übersichtstabelle zu Bruno-Kanonen des Heeres

Tarnname	Kaliber	Anzahl
Kurze Bruno	28 cm	8
Lange Bruno	28 cm	3
Schwere Bruno	28 cm	2
Neue Bruno	28 cm	3
Theodor Bruno	24 cm	6

Eisenbahngeschütz K5 in einer Militärsammlung in Frankreich, 2009.

4.5.2 Kanone K 12

GPS: 50°47'3.31"N 01°37'17.70"E
(Dombunker Wimereux/Frankreich)

Die Entwicklung dieses Eisenbahngeschützes begann 1934 und basierte auf dem so genannten Paris-Geschütz aus dem Ersten Weltkrieg, das als erste Artilleriewaffe weltweit Schussweiten von über 100 km erzielte. Über mehrere Monate des Jahres 1918 wurde die französische Hauptstadt aus einer Entfernung von über 100 km mit mehreren dieser Fernkampfgeschütze beschossen. Getroffen wurde nach dem Zufallsprinzip, auf diese Distanz galt das Fernkampfgeschütz daher eher als Terrorwaffe gegen ein Flächenziel. Das erste Versuchsschießen mit dem neuen Paris-Geschütz fand Ende 1937 in Rügenwalde statt. Als K 12 wurden zwei dieser Geschütze 1939 und 1940 von der Eisenbahn-Batterie 701 in Dienst gestellt. Damit verfügte die deutsche Artillerie im Zweiten Weltkrieg über das Geschütz mit der größten Schussweite weltweit, die bei 115 km lag. Ein einzelnes Geschoss kam auf gut 100 kg Gewicht mit einem Sprengstoffanteil von etwa 8 kg. Das Geschütz selbst hatte eine Masse von etwa 300 t, die sich auf vier Drehgestelle mit insgesamt 18 Achsen verteilte. Die erhebliche Länge des Rohres führte zu einer speziellen Stahlrohr-Spannkonstruktion, um die Stabilität zu erhöhen. Als nachteilig erwies sich die geringe Lebensdauer des Rohres, das für lediglich 90 Schüsse nutzbar war. Der Großteil der für diese beiden Geschütze produzierten Granaten konnte nicht verschossen werden, sodass für ein paar hundert Stück eine Delaborierung durchgeführt wurde. Von der französischen Kanalküste bei Boulogne und von Wimereux aus wurden von September 1940 bis Sommer 1941 Ziele an der britischen Küste beschossen. Die Stellungssysteme erhielten später als zusätzliche Aufgabe eine Stützpunktrolle bei der Küstenverteidigung im Rahmen des Atlantikwalls. Im Zuge der Normandie-Offensive 1944 erfolgte eine Rückverlegung der Eisenbahn-Batterie nach Belgien, die mitgeführten Eisenbahngeschütze wurden dann bei Antwerpen aufgegeben und zerstört, da sich der Eisenbahnübergang über die Schelde nicht mehr nutzen ließ. Von der Feuerstellung bei Wimereux blieben zahlreiche Schutzbunker erhalten, so auch ein 80 m langer Dombunker zum Unterstellen von zwei Eisenbahngeschützen.

Dombunker bei Wimereux, 2009.

4.5.3. Standardeisenbahngeschütz K 5

Musée du Mur de l'Atlantique
Route du musée, 62 179 Audinghen, Frankreich
www.batterietodt.com
GPS: 50°50'40.02"N 01°36'01.07"E
(Eisenbahngeschütz)

In der Batterie Todt werden zahlreiche Waffen aus dem Zweiten Weltkrieg präsentiert, 2009.

Die Entwicklung dieses von der Lokomotivfabrik Krupp in Essen und Hanomag gemeinsam gebauten Eisenbahngeschützes begann 1934 und führte zur Serienproduktion von insgesamt 25 Exemplaren. Das Kaliber lag bei 28 cm, bei einem Geschossgewicht von knapp über 200 kg. Das Gesamtgewicht des Geschützes lag bei über 200 t, die beiden Fahrgestelle waren mit jeweils sechs Achsen versehen. Die für dieses Geschütz produzierten Granaten stellten die größte Menge im Vergleich zu allen anderen Eisenbahngeschützen dar. Es kam an fast allen Frontabschnitten mit artilleristischen Schwerpunkten zum Einsatz. Üblicherweise setzte sich eine Eisenbahn-Batterie aus je einem Geschütz- und einem Drehscheibenzug zusammen. Der Geschützzug selbst beinhaltete ein einzelnes Eisenbahngeschütz K 5, der Drehscheibenzug im Schwerpunkt eine Drehbettung mit allen notwendigen Gleisbaumaterialien. Ein Geschütz mit Eigennamen »Leopold« wurde 1944 von US-Truppen in Italien erbeutet und umgehend in die USA verschifft. Im U.S. Army Ordnance Museum in Aberdeen im Bundesstaat Maryland kann es seit mehreren Jahrzehnten besichtigt werden. Ein weiteres baugleiches Eisenbahngeschütz gehört zu den Ausstellungsstücken des Atlantikwallmuseums Batterie Todt am Cap Gris-Nez in Frankreich.

Standardeisenbahngeschütz K 5 auf dem Gelände der Batterie Todt, 2009

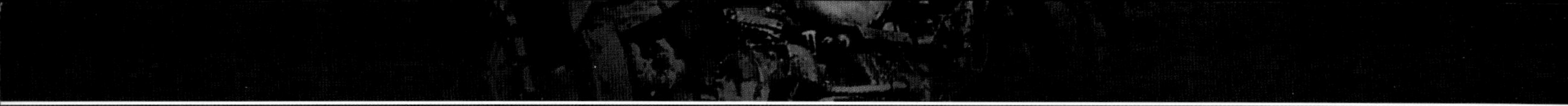

4.5.4. 38-cm-Kanone Siegfried

GPS: 43°23'37.15"N 05°36'11.49"E
(Feuerstellung La Bouilladisse)

Das größte regulär auf Eisenbahnstrecken verwendbare Eisenbahngeschütz basierte auf Artillerierohren, die aus Geschützen von Schlachtschiffen weiterentwickelt wurden. Da dieses Eisenbahngeschütz aufgrund seiner Größe über keinen Seitenrichtbereich mehr verfügte, konnte es nur von Gleisbögen und von einer Drehlafette aus eingesetzt werden. Von 1939 bis 1943 wurden lediglich drei Geschütze an das Heer ausgeliefert, diese kamen bei zwei Eisenbahnartillerie-Batterien zum Einsatz – bei der Küstenverteidigung am Mittelmeer und bei der Heeresgruppe Mitte bei der Belagerung von Leningrad. Das gesamte Geschütz wog etwa 300 t, die Anzahl der Achsen bei den beiden Drehgestellen stieg auf acht an, was damit die maximale Grenze der Fahrfähigkeit im Eisenbahnnetz darstellte. Das Geschossgewicht lag bei 800 kg für eine Sprenggranate, die Reichweite entsprechend bei 40 bis 50 km. Derartige Geschossgewichte führten zu speziellen Ladekarren für Kartuschen und Geschosse, die auf einem eigenen Gleissystem auf dem Geschütz selbst und den Geschoss- und Kartuschenwagen entlanggeführt wurden. Alle drei Geschütze wurden von US-Truppen zum Kriegsende in unterschiedlichen Zuständen erbeutet und anschließend vermutlich verschrottet.

4.5.5. 80-cm-Kanone Dora

Militärhistorisches Museum der Bundeswehr
Olbrichtplatz 2, 01099 Dresden
www.mhmbw.de
GPS: 51°04'42.1"N 13°45'34.5"E

Ein Auftrag für ein überschweres Fernkampfgeschütz erging im Jahresverlauf 1937 vom Oberkommando des Heeres an die Krupp AG in Essen und beinhaltete zwei Geschütze. Als Ziel für derartige Waffen waren grundsätzlich ortsfeste gepanzerte Festungsanlagen, beispielsweise die französische Maginot-Linie, vorgesehen. Die geforderten Werte führten zu einem Geschütz mit über 1300 t Eigenmasse, für normale Gleisanlagen zu groß und zu schwer. Allein das über 30 m lange Geschützrohr wog inklusive Verschluss 400 t und sollte 37 km Schussweite erlauben. Die Heeresversuchsstelle Hillersleben erhielt im Sommer 1941 mit über einem Jahr Zeitverzögerung das erste Rohr zum Einschießen. Genutzt wurde hierfür der Versuchsplatz Heinrich, auf eine Distanz von 240 m war das Ziel die Kuppe vom Spitzen Berg. Hier wurden unterschiedliche Metallplatten für Beschussversuche aufgestellt, die es zu durchschlagen galt. Nach vier bis fünf Probeschüssen erfolgte dann im Herbst des gleichen Jahres die Endmontage auf dem Versuchsplatz Rügenwalde. Das Rohr für ein zweites Geschütz mit dem Eigennamen«Schwerer Gustav 2« wurde im Sommer 1942 in Hillersleben eingeschossen und diente zunächst der Erprobung je einer neuen Panzerspreng- und Betongranate. Es wurde ebenfalls in Rügenwalde komplettiert, aber gelangte nicht in den Kampfeinsatz. Das dritte Geschütz »Langer Gustav« mit verändertem Kaliber 52 cm befand sich noch 1945 beim Hersteller Krupp in Essen und war aufgrund vorangegangener Luftangriffe beschädigt. Mit diesem Rohr sollten Treibspiegelgranaten mit Raketenzusatzantrieb gegen Großbritannien verschossen werden. Das Dora-Geschütz wurde Anfang 1942 in die neu aufgestellte schwere Artillerie-Abteilung 672 übernommen. Der einzige Kampfeinsatz des größten beweglichen Artilleriegeschützes der Weltgeschichte erfolgte wenig später im Zuge der Eroberung der Festung Sewastopol. Es blieben von den drei Geschützen lediglich Einzelteile der Geschosse in Deutschland und Russland erhalten, die auch museal zugänglich sind.

Hauptgebäude des Militärhistorischen Museums der Bundeswehr, 2015.

Granate, Pulversack und Hülse des Dora-Geschützes im MHM Dresden, 2015.

4.5.5.1. Eisenbahnartillerie-Schieß- und Versuchsplatz Rügenwalde

ul. Zwyciestwa, 76-153 Darlowko, Polen
GPS: 54°24‘12.6«N 16°20‘51.5«E
(Dora-Aufbauplatz)
GPS: 54°24‘20.2«N 16°20‘35.5«E
(Geschossfangbunker)
GPS: 54°23‘54.8«N 16°20‘23.8«E
(zwei Drehbettungen)

Das am Rande von Rügenwalde gelegene Ostseebad Rügenwaldermünde erlangte seine Bekanntheit auch aufgrund des dortigen Eisenbahnartillerie-Schießplatzes. Hier wurden ab 1939 nicht nur Eisenbahnartillerie-Abteilungen aufgestellt und deren Personal ausgebildet, sondern hier fand auch auf dem eigens dafür eingerichteten Versuchsplatz die Erprobung des weltgrößten Eisenbahngeschützes, der 80-cm-Kanone (E) Dora, statt. Als ideale Propagandawaffe, gewissermaßen eine Weiterentwicklung des deutschen Paris-Geschützes aus dem Ersten Weltkrieg, stellte es aber auch eine technische Absurdität der Artillerie dar. Wobei sich das Heer auch deshalb für den Bau dieses und anderer überschwerer Geschütze entschied, weil selbst die schwersten damaligen Fliegerbomben gegen Panzerkuppeln und Festungswerke vom Schlage der Maginot-Linie nichts oder nur wenig ausrichten konnten. Auf dem Rügenwalder Schieß- und Versuchsplatz erreichte das Dora-Geschütz seine Ein-

So genannte Chinesische Mauer auf dem ehemaligen Erprobungsareal des Dora-Geschützes im heutigen Darlowo, 2014.

4.6. Fernwaffen

Nach Ende des Ersten Weltkrieges wurden die deutschen Streitkräfte durch den 1919 unterzeichneten so genannten Friedensvertrag von Versailles stark reglementiert. Neben dem Verbot einer Luftstreitkraft und der Festsetzung einer Obergrenze der Personenzahl des Heeres auf 100.000 und die der Marine auf 15.000 Mann wurde auch die Stärke und Anzahl verschiedener Waffengattungen von den Siegermächten vorgeschrieben. Daneben wurde das Staatsgebiet des Deutschen Reiches »neu definiert« und mehrere Grenzgebiete fielen mit und ohne Volksabstimmungen an das jeweilige Nachbarland. Der Abbau ganzer Festungs- und Verteidigungsanlagen, wie etwa die Zerstörung der Festung Helgoland, und die Entmilitarisierung gesamter Regionen, wie etwa des westlichen Gebietes des Rheins, beschnitten die militärische Schlagkraft der nunmehrigen Weimarer Republik zusätzlich. Die Nationalsozialisten sahen von jeher den Versailler Vertrag als eine Art Diktat an und umgingen nach der Machtergreifung schrittweise die Bestimmungen bzw. kündigten sie auf. Doch schon die Reichswehr versuchte heimlich zahlreiche Bestimmungen zu umgehen. Dabei setzte man nicht nur auf einen technisch-wissenschaftlichen Austausch mit Staaten wie etwa der Sowjetunion (siehe Seite ...), sondern die führenden Köpfe der Reichswehr versuchten, den Vertrag mit neuartigen Waffen, die nicht explizit erwähnt wurden, zu umgehen. Der 1895 geborene Walter Dornberger geriet Ende des Ersten Weltkrieges in französische Gefangenschaft und wurde nach seiner Entlassung in die Reichswehr übernommen. Um technische Möglichkeiten auszuloten, wurde Dornberger Ende der 1920er-Jahre an die Technische Hochschule Charlottenburg (die heutige Technische Universität Berlin) abkommandiert. Schon früh erkannte Dornberger die militärischen Möglichkeiten von ballistischen Raketen und bot dem zivilen Verein für Raumschifffahrt 1932 finanzielle Hilfen an. Er scharte in den darauffolgenden Jahren eine Gruppe von engagierten Wissenschaftlern und Technikern um sich, um fortan moderne und technologisch fortschrittliche Fernwaffen, die nicht unter die Bestimmungen des Versailler Vertrages fielen, zu entwickeln. Zu diesen Personen zählte auch Wernher von Braun, der zuerst in Kummersdorf und später in Peenemünde die Entwicklung der Raketen mit vorantrieb. Dornberger wurde 1935 zuerst zum Abteilungschef des Heereswaffenamtes und ein Jahr später zum Chef der Raketenentwicklung des Heeres bestimmt. Das Heer übernahm also schon lange vor der Luftwaffe die Entwicklung weitreichender Raketen. Ab 1943 fungierte Dornberger auch als Kommandeur der Heeresversuchsanstalt Peenemünde. Neben seinen technischen Verdiensten wird er heute für den Einsatz von Zwangsarbeitern in Peenemünde und den späteren Verlagerungsobjekten wie dem Mittelwerk des Konzentrationslagers Mittelbau-Dora verantwortlich gemacht. Unbestritten trugen die Wissenschaftler zu einem enormen technischen Fortschritt bei. Doch zu welchem Preis? Zu keiner Zeit fungierten die Fernwaffen als reines Mittel gegen militärische Ziele. Diese Waffen wurden mit dem Erreichen ihrer Einsatzfähigkeit primär dazu genutzt, als Vergeltungswaffen für alliierte Bombenangriffe zivile (London) wie zivil-militärische Ziele (Antwerpen) zu bekämpfen und so in der Bevölkerung der befeindeten Länder Angst und Schrecken zu verbreiten. Und letztlich verloren mehr Menschen bei der Produktion in den untertägigen Anlagen sowie durch alliierte Luftangriffe ihr Leben als beim tatsächlichen Einsatz. Aufgrund ihrer technischen Leistungen beschritten zahlreiche Wissenschaftler wie Walter Dornberger oder Wernher von Braun Ende des Zweiten Weltkrieges eine zweite Karriere als Raketenpioniere in den Vereinigten Staaten von Amerika. Andere wurden in der Sowjetunion oder weiteren Ländern zwangsverpflichtet. Nun setzte ein wahres Wettrennen in der Entwicklung der Raketen ein, dass nur wenige Jahrzehnte zuvor in abgelegenen Wäldern in Kummersdorf und Peenemünde begann.

Start einer A4-Rakete auf dem Gelände in Peenemünde, ca. 1943.

4.6.1. Fernrakete Aggregat 4

Nach den erfolgreichen Versuchen der Aggregate 1 und 2 in Kummersdorf (siehe Seite ...) wichen die Raketenpioniere nach Peenemünde aus, um hier ihre Großrakete A4 zur Einsatzreife zu führen. Im Oktober 1939 wurde der Bau der Rakete mit der höchsten Dringlichkeitsstufe vorangetrieben. Doch nach den »Blitzkriegen« gegen Polen und Frankreich verlor das Raketenprogramm diese hohe Priorisierung. Erst nach der so genannten Luftschlacht um England erhielt das Raketenprogramm für die Entwicklung der weitreichenden Raketen im Oktober 1940 eine höhere Dringlichkeitsstufe; Hitler war trotz intensiver Bemühungen Dornberges lange Zeit nicht davon überzeugt. Nach zahlreichen Rückschlägen gelang der erste erfolgreiche Start vom Prüfstand VII in Peenemünde am 3. Oktober 1942, wobei die Rakete auf eine Höhe von an die 90 km stieg und damit als erstes von Menschen geschaffene Gebilde die Grenze des Weltraums erreichte. Die 14 Meter hohe und 13,5 Tonnen schwere A4 war in der Lage, 1000 Kilogramm Sprengstoff 250 km weit zu transportieren. Dabei stieg die Rakete nicht nur bis an die Grenze des Weltalls auf, sondern erreichte eine Maximalgeschwindigkeit von etwa 5500 Stundenkilometern (Mach 5). Neben der Entwicklung zur Serienreife in Peenemünde war ursprünglich auch die Fertigung der neuartigen Fernwaffe in zwei großen Produktionshallen im Norden der Insel Usedom vorgesehen. Doch nachdem die alliierte Luftaufklärung auf die Heeresversuchsanstalt Peenemünde samt ihrem Produktionswerk aufmerksam geworden war, flogen britische Bomberverbände im Rahmen der »Operation Hydra« (siehe Seite ...) in der Nacht vom 17. auf den 18. August 1943 verheerende Luftangriffe auf Peenemünde, die weite Teile des Versuchsgeländes zerstörten. Bei den Angriffen verloren nicht nur einige Wissenschaftler und deren Familienangehörige, sondern auch mehrere hundert Zwangs- und Fremdarbeiter ihr Leben. Ein Hauptziel des Angriffs, nämlich das Gros der Wissenschaftler zu töten, schlug jedoch fehl. Das Ziel des Um die Serienproduktion aufzunehmen, verlagerte man die Fertigung der A4 mit ihren mehreren tausend Teilen in das unterirdische Mittelwerk des Konzentrationslagers Mittelbau-Dora bei Nordhausen im Harz. Hier wurden zehntausend KZ-Häftlinge des Außenlagers Buchenwald unter Tage und unter verheerenden Bedingungen eingesetzt, um in einer ersten Phase die Stollen weiter auszubauen, um das unterirdische Rüstungswerk des Fernwaffenprogramms fertigzustellen. Nachdem die untertägigen Fertigungsbereiche zur Verfügung standen, wurden die Häftlinge auch in der Produktion eingesetzt. Durch die schlechten Arbeitsbedingungen und die miserable Versorgung sollen allein hier im Kohnstein etwa 4000 Menschen ihr Leben verloren haben. Die Zahl der im Mittelwerk und an anderen Standorten produzierten Raketen betrug knapp 6000 Exemplare. Etwa 3200 von ihnen wurden ab dem 6. September 1944 vornehmlich auf englische Städte und das belgische Antwerpen abgeschossen, das Briten und Amerikaner zum wichtigsten Nachschubhafen ausgebaut hatten. Die NS-Propaganda betitelte die Waffe ab Oktober 1944 schließlich als Vergeltungswaffe 2 (V2), da sie als Vergeltung für alliierte Bombenangriffe nun die Zivilbevölkerung London terrorisieren sollte. Anders als bei der Fi 103 gab es aufgrund ihrer Überschallgeschwindigkeit und der einfacheren Möglichkeit, sie von verschiedenen mobileren Standorten aus zu starten, keine ausreichende Vorwarn- und Alarmzeiten. Churchill ließ V2-Einschläge in London von der Presse deshalb zuerst als »Gasexplosionen« verschleiern. Die Bauarbeiten von zahlreichen massiven Bunkeranlagen im Hinterland der französischen Kanalküste liefen bereits ab 1943 an. Die Planungen sahen vor, die Raketen direkt aus beziehungsweise vor diesen Bunkern starten zu lassen. Doch diese teils riesigen Anlagen wurden noch vor der Fertigstellung durch alliierte Luftangriffe zerstört. In der Produktion, beim Bau der Abschussbunker, aber auch durch den Einsatz kamen tausende Menschen ums Leben. Die ab Ende 1944 begonnenen Arbeiten einer Weiterentwicklung der A4 – die eine noch größere Reichweite aufweisen sollte –, um etwa Ziele in Nordamerika angreifen zu können, verließen nie das Planungsstadium. Das Projekt trug die Codebezeichnung A9, »Projekt Amerika«. Deutsche Wissenschaftler und geborgene Bauteile bzw. Gruppen der Fernwaffe fielen mit Ende des Zweiten Weltkrieges den Alliierten in die Hände. Nur durch die Vorarbeit der deutschen Ingenieure konnte etwa in den Vereinigten Staaten von Amerika und in der Sowjetunion die Entwicklung eigener Fernraketen vorangebracht und die Grundlagen zur Raumfahrt gelegt werden.

A4-Rakete vor dem Kraftwerk Peenemünde, 2017.

4.6.1.1. Mittelwerk des Konzentrationslager Mittelbau-Dora, Nordhausen

KZ-Gedenkstätte Mittelbau-Dora
Kohnsteinweg 20, 99734 Nordhausen
www.dora.de
GPS: 51°32'01.3"N 10°45'09.0"E
(Gedenkstätte)
GPS: 51°32'05.8"N 10°45'25.9"E
(Besucherstollen)

Noch vor der Verlagerung der Produktion von Fernwaffen (siehe Seite … / Fi 103 Eintrag Nordhausen) begannen bereits ab 1936 umfangreiche Bauarbeiten im Kohnstein. Die Wirtschaftliche Forschungsgesellschaft mbH (WiFo) mit Sitz in Berlin war ein vom Reichswirtschaftsministerium gegründetes Tarnunternehmen, welches im Rahmen der Kriegsvorbereitung aktiv wurde. Das unterirdische Stollensystem eines Bergbauunternehmens wurde zum Depot von Treibstoffen und anderen Chemikalien erweitert und für die Zwecke der WiFo angepasst. Erste Einlagerungen erfolgten ab 1938. Nach 1941 stieg die Zahl der hier eingesetzten Arbeitskräfte – vornehmlich Ostarbeiter – auf 2500 Personen an. Nach der Bombardierung der Anlagen in Peenemünde in der Nacht vom 17. auf den 18. August 1943 wurde die Verlagerung des Raketenprogramms in den Untergrund des Kohnsteins

Neu aufgefahrener Eingang der heutigen Gedenkstätte Mittelbau-Dora, 2010.

Feuerlöschhydrant im Bereich des Prüfstand VII, 2008.

Denkmal am Prüfstand VII, 2008.

Abgasschurre des Prüfstand VII in der heutigen Denkmallandschaft Peenemünde, 2008.

beschlossen. Das bereits existierende Stollensystem in der Nähe Nordhausens wurde daraufhin erweitert, sodass die Rüstungsproduktion der neuartigen Fernwaffen im Januar 1944 anlaufen konnte. Zuerst wurde in dem unterirdischen Komplex nur das Aggregat 4 endmontiert. Ab dem Sommer folgte auch die Montage der Fieseler Fi 103. Neben der Produktion der Fernwaffen lief der Ausbau der untertägigen Anlage bis März 1945 unentwegt weiter. Ab April 1944 diente ein weiterer Bereich der Produktion von Strahltriebwerken der Junkers Flugzeug- und Motorenwerke AG. Nachdem zuerst der A4 der Vorrang gegeben wurde, folgte im Juni 1944 die Priorisierung der Fi 103 gegenüber der A4. Mit dem Einmarsch der Alliierten im Juli in der Normandie und der schrittweisen Räumung der Abschussstellungen der Fi 103 wurde die Anordnung im August wieder verworfen und die Produktion der A4 wieder priorisiert. Die eigentlichen Planungen sahen die Produktion von 900 A4-Raketen monatlich vor. Doch diese Vorgaben wurden zu keiner Zeit erreicht. Die ständigen Veränderungen begleiteten nicht nur die Arbeiten im Kohnstein. Für den Ausbau der untertägigen Anlage und die eigentliche Rüstungsproduktion kamen knapp 20.000 Zwangsarbeiter zum Einsatz. Heute informiert eine Gedenkstätte über die Hintergründe und das Leid der hierher verschleppten Menschen.

Besucherpfad durch einen Teilbereich des einstigen unterirdischen Raketenwerkes, 2010.

Besucherpfad durch einen Teilbereich des einstigen unterirdischen Raketenwerkes, 2010.

Historische Markierung in einem der Stollen des »Mittelwerkes«, 2010.

4.6.1.2. Vorwerk Mitte, Lehesten

KZ-Gedenkstätte Laura
Fröhliches Tal, 07349 Lehesten
http://www.kz-gedenkstaette-laura.de
GPS: 50°29'26.4"N 11°28'19.1"E
(Gedenkstätte)
GPS: 50°29'16.6"N 11°27'59.6"E
(Steinbruch)

Nach der Bestimmung des Mittelwerkes bei Nordhausen zum Ort der Endmontage der Raketen wurde das »Vorwerk Mitte« als Ort für die Erprobung der Triebwerke der A4-Raketen und die Produktion von Flüssigsauerstoff und Stickstoff beschlossen. Dazu wurden Stollen des Schieferbergbaus der Firma Karl Oertel Schieferbrüche Lehesten GmbH bei Lehesten baulich umfassend erweitert. Die Arbeiten liefen bereits im September 1943 an. Im so genannten Oertelsbruch wurden zwei Prüfstände für Funktionstests ab 1944 in Betrieb genommen. Nach dem Bestehen der Triebwerkstests wurden diese wichtigen Bauteile zu den verschiedenen Endmontagestätten der A4 transportiert. Bis zur Stilllegung des Komplexes Vorwerk Mitte wurden hier 4372 Triebwerke getestet und knapp 3500 zur Endmontage freigegeben. Kleine Reparaturen konnten vor Ort vorgenommen werden, größere Instandsetzungen erfolgten in weiteren untertägigen

Gedenkstätte Laura in Thüringen, 2009

Erhaltenes Triebwerk der A4-Rakete, 2009.

Anlagen. In der D-Sohle stellte die Untertageverlagerung »Rotbutt« die Produktion von Sauerstoff bzw. Stickstoff ab Januar 1944 sicher. Beide fungierten als elementarer Treibstoff für die A4. Die Zwischenlagerung erfolgte in Eisenbahnwagen. Dazu mussten die Stollen in den Bereichen ausgebaut werden, damit Eisenbahnzüge in ihnen untergestellt werden konnten. Aufgrund der enormen Wärmeentwicklung der beiden Triebwerksstände, aber auch der Fabrikationsanlagen des Sauerstoffwerkes wurde ein ausgeklügeltes Wasserkühlungssystem notwendig. Dessen Reste sind eine der wenigen baulichen Hinterlassenschaften der einstigen Rüstungsproduktion. Nach Kriegsende nahmen im Mai/Juni 1945 zuerst die Amerikaner und ab September 1945 die Sowjets die Triebwerkstests im Oertelsbruch kurzzeitig wieder auf. Heute informiert die Gedenkstätte KZ-Außenlager Laura über den Einsatz der KZ-Häftlinge und der italienischen Militärinternierten im Vorwerk Mitte. Die zwischen 1943 und 1945 als Häftlingsküche umgebaute Scheune dient heute nach Umbauten in der Nachkriegszeit als Büro der Gedenkstätte. Die große Scheune – die ehemalige Hauptunterkunft für Häftlinge – ist heute der zentrale Bestandteil des Erinnerungsortes.

Blick in den Oertelsbruch, 2009.

4.6.1.3. Heeresabnahmestelle Oberraderach/ Vorwerk Raderach

Weiherberg 99/1, 88048 Friedrichshafen
GPS: 47°41'35.1"N 9°25'57.8"E

Im Frühjahr 1943 begannen knapp 6 km nordwestlich Friedrichshafen die Bauarbeiten für die Heeresabnahmestelle Oberraderach. Friedrichshafen entwickelte sich in den 1930er-Jahren zu einem wichtigen Rüstungsstandort in Süddeutschland. Neben der Luftschiffbau Zeppelin GmbH entstanden für weitere Unternehmen wie etwa die Maybach-Motorenbau GmbH oder die Flugzeugwerke der Dornier-Werke GmbH moderne Produktionseinrichtungen. Laut den Planungen des Reichsministeriums für Bewaffnung und Munition im Februar 1943 sollte die Montage der A4 nicht nur in Peenemünde in den beiden Hallen des Versuchsserienwerkes, sondern auch in den Rax-Werken in Österreich und in Friedrichshafen in den Zeppelin-Werken stattfinden. An allen drei Standorten sollten zwischen März 1943 und Dezember 1944 insgesamt 5150 A4-Raketen gefertigt werden. Der »Sonderausschuss A4« unter der Leitung von Gerd Degenkolb sollte die Arbeiten koordinieren. Zehn Arbeitsausschüsse erarbeiteten schließlich eine dezentrale Fertigung der Fernwaffen und nach den Bombardierungen der drei Werke durch die Alliierten im Sommer 1943 eine vornehmliche Verlagerung in den bombensicheren Untergrund. Auf dem Areal bei Raderach wurde schon zuvor mit dem Bau mehrerer Triebwerksteststände für die A4, eines Spritzstandes und Messhauses sowie eines Sauerstoffwerkes begonnen. Lediglich das Sauerstoffwerk nahm bis Ende des Krieges seine Funktion auf, da die Produktion der A4 in das Mittelwerk bei Nordhausen in den unterirdischen bombensicheren Bereich verlagert wurde. Für die Bauarbeiten und auch für den späteren Betrieb wurden wie an den anderen Standorten des Programms zahlreiche Zwangsarbeiter eingesetzt. Für die Unterbringung der KZ-Häftlinge standen zwei Barackenlager zur Verfügung. Bis Ende des Krieges fungierte das Werk bei Raderach neben der Produktion von Sauerstoff als Zulieferbetrieb der unterirdischen A4-Werke. Nach der Demontage des von den französischen Truppen besetzten Rüstungswerkes dienten die hier erbeuteten Unterlagen, aber auch Wissenschaftler und Techniker als Unterstützung des französischen Raketenprogramms.

Gesprengte Gebäude der Heeresabnahmestelle Oberraderach/Vorwerk Raderach, 2009.

4.6.1.4. Untertageverlagerungen Rebstock und Spatz, Bad Neuenahr-Ahrweiler

Dokumentationsstätte Regierungsbunker
Am Silberberg, 53474 Bad Neuenahr-Ahrweiler
www.regbu.de
GPS: 50°32'28.1"N 7°04'48.2"E
(Dokumentationsstätte Regierungsbunker)
GPS: 50°32'23.5"N 7°03'35.6"E
(Ostportal des Trotzenberg-Tunnels)
GPS: 50°32'23.9"N 7°03'39.1"E
(Gedenkstätte zur Erinnerung an die Opfer des Lagers »Rebstock«)

Zu Beginn des 20. Jahrhunderts wurden in der Nähe von Ahrweiler zwei Eisenbahntunnel in den Berg gehauen. Das Militär plante eine strategische Eisenbahnlinie Neuss–Kreuzberg–Metz. Doch letztlich ging diese Linie nie in Betrieb. Im Zweiten Weltkrieg dienten die Tunnel zunächst als Stätte einer Champignonzucht und mit Beginn der alliierten Luftangriffe auch als Unterschlupf für die Zivilbevölkerung. Mit der Verlegung der Rüstungsstandorte in den bombensicheren Untergrund wurden die Tunnel zu Produktionsstandorten bestimmt. Das Volkswagenwerk wollte hier ursprünglich die Fertigung der Fi 103 aufnehmen, doch schließlich wurden die Tunnel für das A4-Programm freigegeben. Ab 1943 wurden durch e Zwangsarbeiter und KZ-Häftlinge, insbesondere im Kuxberg-Tunnel und im Trotzenberg-Tunnel, durch das Unternehmen J. Gollnow & Sohn Startzubehör und Bodenanlagen der A4 hergestellt. Dazu zählten etwa Feuerleitpanzer und die so genannten Meillerwagen, die zum Aufrichten der A4-Raketen an den mobilen Ab-

Überbauter Stolleneingang durch den Umbau zum Ausweichsitz des Bundes, 2012.

Informationstafeln des Erinnerungsortes Lager Rebstock, 2022.

Übergang vom Museum Regierungsbunker Ahrweiler hin zum historischen Tunnel, 2022.

schussplätzen notwendig waren. Für die Unterbringung der Häftlinge entstanden mehrere Lager. Später ging man dazu über, die Gefangenen des »Außenlagers Rebstock« – ein Zweigstandort des Konzentrationslagers Buchenwald – vollständig im Tunnel unterzubringen. Spätestens im Dezember 1944 wurde die Produktion zusammen mit den Lagerinsassen vollständig ins thüringische Artern verlegt. Nachdem die Rüstungsproduktion endete, dienten die Tunnel wieder zu Luftschutzzwecken der Zivilbevölkerung. Der Trotzenberg- und der Kuxberg-/Silberberg-Tunnel wurden nach 1945 im Zeitalter des Kalten Krieges zwischen 1962 und 1971 zum verbunkerten »Ausweichsitz der Verfassungsorgane des Bundes im Krisen- und Verteidigungsfall« ausgebaut. Heute erinnert nicht nur die Dokumentationsstätte Regierungsbunker an die Zeit der Stollen im Zweiten Weltkrieg. In der Nähe des alten Bahndamms bei Dernau mahnt eine Gedenktafel an die ums Leben gekommenen Zwangsarbeiter. Im Bereich der ehemaligen Bahntrasse zwischen den Einfahrten in den Kuxberg-Tunnel und in den Trotzenberg-Tunnel ist am 9. November 2017 eine Gedenkstätte zur Erinnerung an die Opfer des Lagers »Rebstock« eingeweiht worden.

Blick vom ehemaligen Fertigungstunnel bei Bad Neuenahr-Ahrweiler in Richtung des ehemaligen Regierungsbunkers, 2022.

Der Eisenbahntunnel wurde im Kalten Krieg zum Ausweichsitz der Bundesregierung umgebaut, 2022.

4.6.1.5 Untertageverlagerung »Schlier«/ Vorwerk Schlier, Zipf

Brauerei Zipf
Zipf 1, 4871 Neukirchen an der Vöckla, Österreich
GPS: 48°02'15.8"N 13°30'16.8"E

Nachdem die für die Serienfertigung der A4-Raketen bestimmten Rax-Werke in Österreich im Sommer 1943 von den Alliierten bombardiert wurden, wurden auch in Österreich untertägige Anlagen ausgebaut, um eine Produktion der A4-Raketen aufzunehmen. Eine Endmontage sollte in dem Stollensystem bei Ebensee aufgenommen werden. Die Kalibrierung und Tests der Triebwerke der Raketen sollten dafür in Redl-Zipf erfolgen. Die hiesige Brauerei verfügte bereits über großräumige unterirdische Bierkeller. Ab Oktober 1943 – also einen Monat nach den Arbeiten in Lehesten – begann der Ausbau der vorhandenen Stollenanlage. Es wurden zusätzliche Stollen und ein knapp zwei Kilometer langes Anschlussgleis errichtet. Neben dem Brauereigelände wurden zwei Triebwerksprüfstände errichtet und in der Nähe des gesamten Komplexes ein großer Trafobunker aufgebaut. Die nun ausgebaute Stollenanlage diente der Produktion von Sauerstoff.

Prüfstand der Untertageverlagerung »Schlier«, 2015.

Untertägiger Bereich der Untertageverlagerung »Schlier«, 2015.

Innenansicht des Triebwerks-Prüfstandes der Untertageverlagerung »Schlier«, 2015.

Transformatoren-Bunker der Untertageverlagerung »Schlier«/Vorwerk Schlier, 2015.

Als Betreiberunternehmen fungierte die »Steinbruch-Verwertungs G.m.b.H., Betrieb Schlier«. Nachdem die Arbeiten schnell abgeschlossen waren, konnte Anfang 1944 der Betrieb aufgenommen werden. Bis zum Spätsommer 1944 wurden in Zipf rund 500 Triebwerke getestet. Jeder dieser Probeläufe dauerte rund 60 Sekunden. Zwei Unglücke im Februar und im August 1944 kosteten nicht nur mehrere Menschenleben – darunter war auch Ilse Oberth, die Tochter des Raketenforschers Hermann Oberth –, sondern verzögerten die weiteren Brennversuche der Triebwerke. Letztlich wurden die Versuche in der zweiten Jahreshälfte 1944 eingestellt, die Produktion des Sauerstoffwerkes lief bis Ende des Krieges unentwegt weiter. Für die Bauarbeiten und den Betrieb wurden Häftlinge aus dem Konzentrationslager Mauthausen verpflichtet. Diese wurden in einem eigens errichteten Lager unweit des Geländes untergebracht. Die maximale Belegungszahl betrug etwa 2000 Personen. Noch im April 1945 diente das Stollensystem als Verlagerungsobjekt des Unternehmens »Bernhard«. Unter dieser Tarnbezeichnung fälschten KZ-Häftlinge des Konzentrationslagers Sachsenhausen nördlich von Berlin bis kurz vor dem Eintreffen der Roten Armee britische und amerikanische Geldnoten im großen Stil. Hier in Zipf sollten die knapp 140 Fälscher Dollarnoten herstellen. Die Evakuierung des Lagers am 3. Mai 1945 ließ aber auch dieses Vorhaben scheitern. Bis Ende des Krieges verloren mindestens 267 Häftlinge des KZ-Außenlagers Redl-Zipf ihr Leben. Ein Gedenkstein erinnert heute an diese Opfer.

4.6.1.6. Untertageverlagerung »Zement«, Ebensee

Zeitgeschichte Museum Ebensee
Kirchengasse 5, 4802 Ebensee, Österreich
KZ-Gedenkstollen Ebensee
Finkerleitenstraße, 4802 Ebensee, Österreich
www.memorial-ebensee.at
GPS: 47°48'47.3"N 13°46'18.0"E (Museum)
GPS: 47°47'06.0"N 13°45'38.6"E (KZ-Gedenkstollen)

Neben dem Stollensystem im Kohnstein nördlich der Stadt Nordhausen wurde 1943 auch Ebensee zum Standort des Raketenprogramms bestimmt. Die Umsetzung war in den Jahren des Zweiten Weltkrieges nur durch den Einsatz von Häftlingen und Zwangsarbeitern möglich. Für deren Unterbringung wurde am südlichen Ende des Traunsees im Salzkammergut ab November 1943 das KZ-Außenlager Ebensee des Konzentrationslagers Mauthausen errichtet. Unter menschenunwürdigen Bedingungen und bei mangelhafter Versorgung mussten fortan Tausende Sklavenarbeiter mit simpelsten Mitteln unterirdische Stollensysteme anlegen. Die unterirdischen Anlagen waren für die Weiterentwicklung und Produktion der bis dahin zur Serienreife gebrachten Fernrakete A4 vorgesehen. Das Projekt A9/A10 sollte eine extreme Steigerung der Reichweite ermöglichen und damit auch den amerikanischen Kontinent erreichen. Für die Entwicklung und Vorserienproduktion der »Amerika-Rakete« entstanden entsprechend groß dimensionierte unterirdische Hallen. Doch das A9-Pro-

Eingangsbereich zur Anlage Zement, 2012.

jekt kam nie über das Planungsstadium hinaus. Deswegen wurden die unterirdischen Stollen ab Ende 1944 für andere Rüstungsprojekte freigegeben. Der Teilbereich A (»Zement«) nahm ab Februar 1945 im Rahmen des »Geilenberg-Programms« (siehe Seite ...) den Betrieb einer Raffinerieanlage für Schmieröl auf. Nicht nur die Luftwaffe benötigte dringenden Nachschub an Flugbenzin und Ölen. Der Bereich »Zement B« diente in den letzten Monaten des Krieges als Rüstungsstandort für die Montage von Panzer- und Flugzeugmotoren der Steyr-Daimler-Puch- und Nibelungenwerke. Mit Ende des Krieges im Mai 1945 waren im Außenlager Ebensee mehr als 18.000 Personen unterschiedlicher Nationen inhaftiert. Wie auch an anderen Standorten existierten in Ebensee die Pläne, die Häftlinge nicht auf so genannten Todesmärschen zu »evakuieren«, sondern sie sollten auf Befehl des Lagerkommandanten im unterirdischen Stollensystem eingesperrt und durch die Sprengung der Eingänge getötet werden. Glücklicherweise verhinderte der Widerstand der Inhaftierten im letzten Moment dieses Vorhaben. Allein auf den Baustellen in Ebensee sollen in den knapp eineinhalb Jahren etwa 9000 Menschen des Außenlagers ihr Leben verloren haben. Das Zeitgeschichte Museum Ebensee informiert heute über die Hintergründe des einstigen Rüstungswerkes im Salzkammergut. Ein Stollen des Bereichs »Zement B«, der seit 1996 zu einem Gedenkstollen hergerichtet wurde, kann in den Sommermonaten besichtigt werden. Im Umfeld erinnern weitere Hinterlassenschaften an das dunkle Kapitel der Region.

Blick in den Gedenkstollen der Anlage Zement, 2012.

4.6.1.7. Großbunker »Kraftwerk Nordwest« /Sauerstoffwerk, Éperlecques

Le Blockhaus D'Éperlecques
Rue du Sart, 62910 Éperlecques, Frankreich
www.leblockhaus.com
GPS: 50°49'42.7"N 2°11'01.8"E

Bunker des ehemaligen Sauerstoffwerk, Éperlecques, 2009.

Im März 1943 begannen bei Éperlecques, knapp 30 km südlich Calais, die Bauarbeiten für ein komplexes Bunkersystem mit dem Tarnnamen »Kraftwerk Nordwest«. Die Arbeiten wurden durch die »Organisation Todt« (OT) koordiniert. Die OT wurde nach militärischem Vorbild organisiert und unterstand ab 1940 direkt dem Reichsminister für Bewaffnung und Munition. Die paramilitärische Bautruppe verfügte im letzten Kriegsjahr über fast 1,5 Millionen Arbeitskräfte, der Großteil von ihnen waren Fremdarbeiter, Häftlinge oder Kriegsgefangene. Nach der Fertigstellung der 90 m langen und 60 m breiten Anlage sollten hier nicht nur knapp 40 A4-Raketen und 500 »Nutzlastspitzen« gelagert, sondern auch bis zu 36 Raketen täglich verschossen werden. Der Arbeitsablauf sollte durch 150 bis 200 Soldaten und technisches Personal sichergestellt werden. Neben dem Bunker war ein Lagerplatz für knapp 100 weitere Raketen sowie ein betonierter Feuerleitstand vorgesehen. Wie bei den anderen Großprojekten des Raketenprogramms wurden für die Bauarbeiten Zwangsarbeiter herangezogen. Schon im Verlauf der Bauphase wurde der Komplex mehrfach zum Ziel der alliierten Bomber. Eine ursprüngliche Fertigstellung war für Oktober 1943 vorgesehen. Nach insgesamt 22 alliierten Luftangriffen – der verheerendste ereignete sich im Rahmen der Operation »Crossbow« (siehe Seite ...) im August 1943, als 187 B-17-Bomber der US-Streitkräfte das Objekt mit knapp 330 t Bomben belegten – wurden die Bauarbeiten am Großbunker bei Éperlecques im September 1943 eingestellt. Neben dem eigentlichen Lager- und Abschussbereich für die A4-Rakete war die Herstellung von Flüssigsauerstoff – dem elementaren Treibstoff der Rakete – vorgesehen. Dieser Bereich wurde weiter vorangetrieben und die Anlage sollte im Sommer 1944 angefahren werden. Die Pläne mussten aber aufgrund der alliierten Invasion ab Juni 1944 fallengelassen werden. Am 6. September 1944 erreichten die Alliierten den Komplex. Schon seit 1973 ist das Bauwerk touristisch erschlossen. Heute werden ringsum den imposanten 95 mal 75 m großen Bunker mehrere militärische Großgeräte und Waffen ausgestellt, darunter befindet sich auch eine vollständig erhaltene Startrampe der Fi 103.

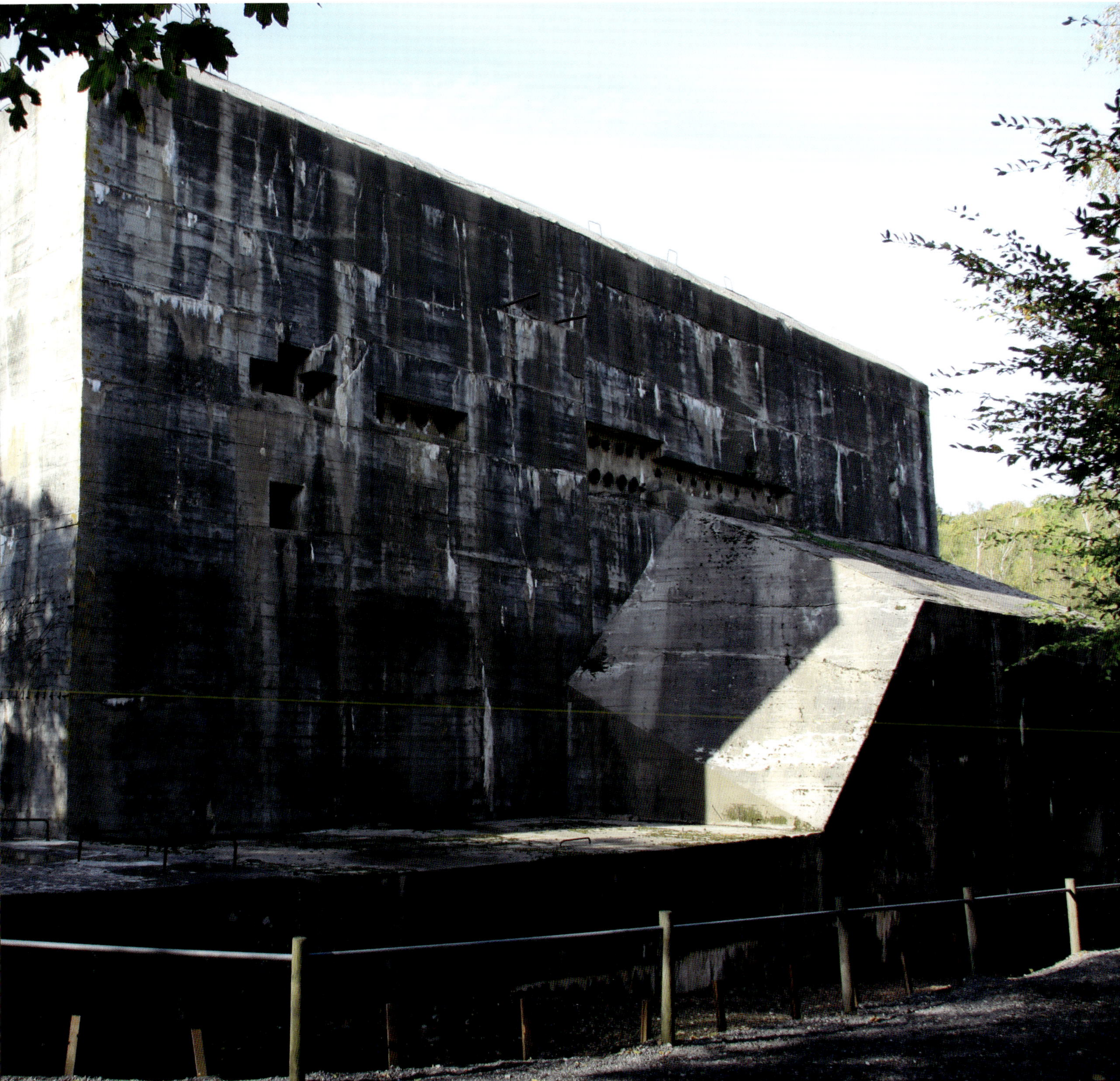

Montagekran auf dem ehemaligen Baugelände, 2009.

Modell der A4-Rakete innerhalb, 2009.

Sonder-Kfz vor dem Kraftwerk Nordwest, 2009.

4.6.1.8. Großbunker »Schotterwerk Nordwest«, Wizernes

Museum La Coupole
Rue du Mont à Car, 62570 Helfaut, Frankreich
www.lacoupole-france.com
GPS: 50°42'19.2"N 2°14'36.7"E

Eingangsbereich zum heutigen Museum, 2013.

Nach den ersten erfolgreichen Tests der A4-Rakete im Oktober 1942 in Peenemünde forderte Hitler, den General Dornberger erst durch Filmaufnahmen von der Rakete überzeugen konnte, im Dezember den Bau von mehreren Abschussbunkern in Nordfrankreich. Nachdem sich abzeichnete, dass das dafür vorgesehene Bauwerk bei Éperlecques (siehe Seite ...) nach mehrfacher Bombardierung durch die alliierten Luftstreitkräfte nicht fertig gestellt werden konnte, wurde als Ersatz der Bau eines weiteren Abschussbunkers beschlossen. (Dornberger und andere Raketenfachleute bevorzugten den mobilen, nicht an Bunker gebundenen Einsatz). Die Bauarbeiten des ursprünglich als reines Lager vorgesehenen Komplexes liefen bei Wizernes in der zweiten Jahreshälfte 1943 an. Unter dem Tarnnamen »Schotterwerk Nordwest« wurde unter einer mächtigen, knapp 70 m im Durchmesser betragenden und 5 m dicken Betonkuppel ein Lager- und Abschusskomplex für die A4-Rakete errichtet. Die mächtige Betonkuppel sollte die Anlage vor alliierten Bombardierungen schützen. Daneben entstand im angrenzenden Bergmassiv ein verzweigtes Stollensystem, in dem nach Abschluss der Bauarbeiten der Abschuss der Rakete vorbereitet und von hier aus täglich bis zu 50 Raketen verschossen werden sollten. Auch bei diesen Bauarbeiten wurden neben den regulären Arbeitskräften der »Organisation Todt« und des Reichsarbeitsdienstes Zwangsarbeiter und Häftlinge eingesetzt. Die etwa 4000 Bomben der alliierten Luftstreitkräfte zerstörten zwar in Teilen das Bergmassiv, aber nicht das Kuppelbauwerk. Doch bis zur Landung der Alliierten in Nordfrankreich im Sommer 1944 konnten die Arbeiten nicht fertig gestellt werden. Der Vormarsch in Frankreich stoppte letztlich am 28. Juli 1944 den Weiterbau. Zuvor wurden die bereits vorhandenen technischen Einbauten in Éperlecques und Wizernes unter höchstem Zeitdruck demontiert und zurück nach Deutschland transportiert. Der Komplex bei Wizernes erinnert heute in Form eines Museums an die Geschehnisse während des Krieges.

HITLER'S SECRET
WEAPONS | DE GEHEIME
WAPENS VAN HITLER |

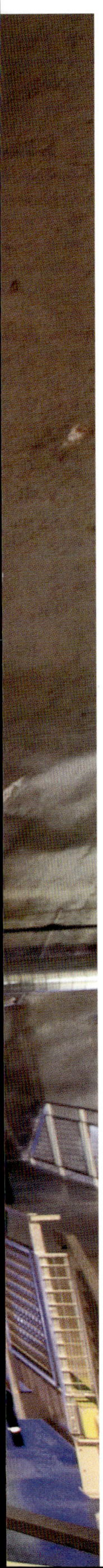

Modell der A4-Rakete im heutigen Museum, 2013.

Hauptstollen zum Schotterwerk Nordwest, 2013.

Museum »La Coupole« im Untergrund, 2013.

4.6.2. Langrohrkanone 15 »LRK 15«

Der ab 1943 einsetzenden militärischen Überlegenheit der Alliierten an den meisten Fronten in Europa versuchte die Wehrmachtsführung entgegenzuwirken. Spätestens durch die alliierte Lufthoheit erkannte die Bevölkerung angesichts der zunehmenden Luftangriffe auch auf Ziele weit im Hinterland des gesamten Reichsgebietes, dass die Zeit der großen Siege vorbei war. Durch die Durchhalteparolen des Reichspropagandaministers Joseph Goebbels wurde die wichtige Unterstützung der Bevölkerung gesichert und die Menschen zugleich auf den »totalen Krieg« eingeschworen. Gleichzeitig setzte die politische und militärische Führung auf die Entwicklung neuer Waffentechnologien. Mit deren Hilfe sollte sich der Verlauf des Krieges doch noch zugunsten Deutschlands wenden. Relativ schnell wurden diese neuartigen und technologisch weit entwickelten Waffen als Vergeltungs- oder Wunderwaffen bezeichnet. Doch dienten diese nicht in erster Linie zur Bekämpfung der feindlichen Streitkräfte, sondern sollten vornehmlich die gegnerische Zivilbevölkerung terrorisieren, um alliierte Luftangriffe zu vergelten. Neben den in der Propaganda als Vergeltungswaffen bezeichneten Modellen wurde in unterschiedlichen Einrichtungen an weiteren Projekten gearbeitet, die aber über das Entwicklungsstadium nicht hinauskamen.

Zu solch einer Waffe zählte auch das ab 1942 von Wissenschaftlern entwickelte Mehrkammergeschütz Langrohrkanone LRK 15. Die V3 oder auch als »fleißiges Lieschen« bezeichnete Kanone basierte auf einem simplen technischen Prinzip. An einem langen Geschützrohr wurden mehrere Pulverkammern parallel nebeneinander angeflanscht. Nach einem Abschuss beschleunigten die zusätzlichen Ladungen in den Pulverkammern das Geschoss immer weiter. Durch diesen Aufbau wurden weitaus größere Reichweiten erzielt. Die Planungen sahen vor, von stationären und verbunkerten Abschusseinrichtungen weit entfernte Ziele unter Dauerbeschuss nehmen zu können. Bei Mimoyecques (Frankreich) sollte mit einer Geschützrohrlänge von 140 m London beschossen werden. In Deutschland und Polen sind bauliche Hinterlassenschaften aus der Erprobungszeit dieser Waffe zu finden.

Museum bei Misdroy zur Entwicklung der V3, 2008.

4.6.2.1. Erprobungsgelände »Pumpwerk Misdroy«, Międzyzdroje

Nadbrzeżna, 72-500 Wicko (Vietzig)
http://www.bunkierv3.pl
GPS: 53°54'01.7"N 14°26'15.8"E

Südlich vom mondänen Ostseebad Misdroy auf Wollin wurden an einem Berghang ab Mitte des Jahres 1943 mehrere Versuchsaufbauten für das Mehrkammergeschütz Langrohrkanone LRK 15 errichtet. Das Gelände erhielt den Tarnnamen »Pumpwerk Misdroy«.

Die Reichweite der Mehrkammergeschütz Langrohrkanone LRK 15 sollte - so die Forderung - bis zu 160 km betragen. Das Versuchsschießen lief auf der Insel Wolin im Januar 1944 an, doch letztlich wurde die Reichweite mit den zur Verfügung stehenden Geschossen nicht vollständig erreicht. Dies führte zur Entwicklung der in Peenemünde entwickelten Peenemünder Pfeilgeschosse PPG. Doch für das eigentliche Geschütz waren zeitgleich schon 20.000 Röchling-Geschosse gefertigt worden, sodass man an der Waffe selbst keine großen Änderungen mehr vornehmen konnte. Nach den Versuchen sollten mehrere dieser fertigen Installationen in großem Maßstab im besetzten Frankreich errichtet werden, um unter anderem London unter Beschuss nehmen zu können.

Aufgrund der Zeit liefen Forschung und Bau zu der Zeit parallel, was immer wieder zu teils aufwändigen Änderungen führte. Abgesehen von den baulichen Resten der ehemaligen Versuchsaufbauten bei Misdroy, in denen verschiedene Steigungswinkel erprobt wurden, befindet sich direkt an der Straße ein massiver Bunker für die Bedienmannschaften. Durch unterschiedliche Winkel und Rohrlängen bis 130 m wurde untersucht, wie sich die Geschosse bei einem Einsatz verhielten. Weder die Westalliierten noch die Rote Armee entdeckten diesen Standort im Verlauf des Krieges. Selbst beim Vormarsch der Sowjets entlang der Ostseeküste wurde dieses Testgelände nicht weiter beachtet. Heute informiert vor Ort ein kleines Museum über diese Waffe und die Kriegshandlungen in der Region.

Fundamente von einer der drei Versuchsaufbauten in Misdroy, 2008.

4.6.2.2. Stollensystem der »England-Kanone«, Mimoyecques

Forteresse de Mimoyecques
Rue de la Forteresse, 62250 Landrethun-Le-Nord
www.mimoyecques.com
GPS: 50°51'10.1"N 1°45'33.1"E

Noch bevor die Entwicklung und Erprobung an der Mehrkammergeschütz-Langrohrkanone LRK 15 abgeschlossen waren, begannen unter der Leitung der Organisation Todt ab September 1943 die Bauarbeiten an dem komplexen Stollensystem mit den Tarnbezeichnungen »Wiese« und »Bauvorhaben 61«. Wie auch bei anderen strategisch wichtigen Bauprojekten wurden für die Arbeiten französische Arbeiter und Zwangsarbeiter eingesetzt, was zu einem schnellen Fortschritt führte. Nach der Fertigstellung sollte das unterirdische System die waffentechnischen Einbauten für die Langrohrkanone LRK 15 aufnehmen. Diese Waffe ist heute unter der Bezeichnung Vergeltungswaffe 3 (V3) bekannt, die ihr die NS-Propaganda gab, nachdem sie auf dem Testgelände in Hillersleben (siehe Seite ...) und auf der Insel Wolin (siehe Seite ...) erprobt worden war. Die Führung der Wehrmacht erhoffte sich durch den Einsatz der neuen Waffen eine Wende im Krieg. Doch die Langrohrkanone LRK 15 erreichte nie die vollständige Einsatzreife und blieb weit

Eingangsbereich zum unterirdischen Stollenbereich der sogenannten »V3«, 2013.

Eingangs- und Hauptstollen, 2013.

Blick in Richtung der Abschusseinrichtungen der »V3«, 2013.

hinter den propagandistischen Zielen zurück. Die Anlage bei Mimoyecques sollte mit mehreren Geschützrohren von mehr als 100 m Länge ausgestattet werden. Dadurch sollte alle sechs Sekunden ein Schuss auf London abgefeuert werden können. Das weitverzweigte Stollensystem erstreckte sich über insgesamt neun Ebenen und konnte 25 Geschützrohre aufnehmen. Fahrstühle und Treppenhäuser verbanden die verschiedenen unterirdischen Bereiche. Neben einem großräumigen Depot wurde auch ein Fertigungsbereich der Geschosse geplant, um den Nachschub an Munition jederzeit sicherzustellen. Doch die Bauarbeiten wurden durch eindringendes Grundwasser verzögert. Nachdem dann kurz vor der Fertigstellung der Anlage das Bunkersystem durch mehrere alliierte Bombenangriffe zwischen November 1943 und Sommer 1944 zerstört wurde, wurden die Arbeiten letztlich eingestellt. Einige Luftangriffe erfolgten im Rahmen der Operation »Crossbow«, mit der die Alliierten die bekannten Einsatz- und Produktionsstandorte der neu entwickelten Fernwaffen gezielt zerstören wollten. Mit dem Einmarsch in der Normandie wurde der Rohbau im September 1944 von den Alliierten besetzt und im Mai 1945 von britischen Pionieren gesprengt.

Heute informieren ein kleines Museum und mehrere Gedenk- und Informationstafeln innerhalb der Stollen über die Geschichte des Bauwerkes.

Haupt- und Nebenstollen des weitläufigen Stollensystems, 2013.

4.7. Weitere Raketenwaffen

Die Einführung neuartiger Waffentechnologien machte auch vor den traditionellen Truppengattungen nicht halt. Die bahnbrechenden Entwicklungen bei der Luftwaffe hatten auch Folgen für die anderen Teilstreitkräfte. Mit Festtreibstoffen angetriebene Waffen zeigten den Weg in die Zukunft auf dem Schlachtfeld auf. In das Arsenal des Heeres hielten gelenkte und ungelenkte Raketen Einzug. Weit verbreitet war die als Nebelwerfer bezeichnete Raketenartillerie, gefolgt von ungelenkten und gelenkten Panzerabwehrwaffen. Zur Tieffliegerabwehr wurden erste ungelenkte Flugabwehrraketen entwickelt, die aber eher nach dem Schrotschussprinzip funktionierten. Eine Mischform zwischen Panzer- und Tieffliegerabwehr befand sich mit der so genannten Fliegerschreck-Munition in Entwicklung. Dabei sollte mit einer modifizierten Panzerbüchse ein Splittergefechtskopf aus Brandschrapnellen verschossen werden, die mittels einer Hohlladung einen Splitterkegel erzeugten. Die Entwicklung kam im Januar 1945 zum Abschluss, etwa 500 Fliegerschreck-Gefechtsköpfe wurden produziert, die aufgrund des Kriegsendes nicht in den Truppenversuch gelangten.

Eine Besonderheit in der Sparte der Raketenwaffen stellte das Peenemünder Pfeilgeschoss dar, eine Granate, die mittels Raketenantrieb durch ein modifiziertes Geschützrohr abgefeuert bzw. gestartet wurde. Diese ungewöhnliche Konstellation entsprach der Mischung zwischen einer ungelenkten Rakete und einer Artilleriegranate, da ein Geschützrohr als Starteinrichtung diente.

Der Rohrdurchmesser lag bei 31 cm, das Geschoss selbst war etwa zwei Meter lang und verfügte über das Kaliber 12 cm, es war am Heck mit vier Stabilisierungsflossen versehen.

Bei der Erprobung wurden knapp 150 km Reichweite erreicht, vermutlich war ein Einsatz durch Eisenbahngeschütze vorgesehen.

Peenemünder Pfeilgeschoss in einem Bunker in Tschechien, 2015.

4.7.1 Raketenartillerie

Neben klassischer Artillerie setzten Wehrmacht und Waffen-SS auch als Nebelwerfer bezeichnete Raketenartillerie ein. Die Bedeutung dieser Waffengattung stieg seit dem Zweiten Weltkrieg stetig an und zeigt sich bis in die heutige Zeit, da auf diese Weise ein großes Zielgebiet mit flächigem Artilleriefeuer mit einer vergleichsweise preiswerten und einfach herstell- und bedienbaren Technologie beschossen werden kann. Bei den die Raketenartillerie einsetzenden Formationen handelte es sich ursprünglich um die Chemische Kampftruppe des Heeres, die, auch als Nebeltruppe bezeichnet, für den Einsatz, die Aufklärung und die Abwehr von Chemiewaffen vorgesehen war. Diese Waffengattung wurde hauptsächlich als Nebel- und Brisanzmunition aus Werfern verschiedener Art und Kaliber eingesetzt. Für die Waffenerprobung zeichnete die Heeresversuchsstelle Munster-Nord verantwortlich. In der Zitadelle Spandau wurde 1935 das Heeres-Gasschutz-Laboratorium eingerichtet, das Schutzkleidung, Entgiftungsmittel und verschiedene Kampfstoffe entwickelte. Die personelle Ausbildung erfolgte mehrheitlich an der Heeresgasschutzschule und späteren Nebeltruppenschule Celle, die Basis bildete eine 1936 in Bremen aufgestellte Nebel-Lehr- und Versuchsabteilung. Zu ihren ersten Waffen zählte der in der zweiten Hälfte der 1930erJahre weit verbreitete 10-cm-Nebelwerfer 35, ein herkömmlicher einzelrohriger Granatwerfer. Die Bezeichnung Nebelwerfer war hierbei eine Tarnbezeichnung. Die Entwicklung setzte sich fort mit dem 15-cm-Nebelwerfer 41, einem sechsrohrigen, auf eine gezogene Spreizlafette montierten Raketenwerfer, und dem fünfrohrigen 21-cm-Nebelwerfer 42. Damit ergab sich die notwendige Mobilität, da die Reichweite der Raketen bei maximal sechs Kilometern lag und somit nur ein taktischer Einsatz an der Frontlinie möglich war. Diese neuartigen Raketenwerfer wurden in den Kriegsjahren mit größeren Kalibern, Reichweiten und verbesserter Mobilität weiterentwickelt. Sie verschossen hauptsächlich Brand- und Splittermunition. Abschluss dieser Waffenkategorie bildete der 30-cm-Nebelwerfer 42.

Nebelwerfer als Ausstellungsstück im MM Park La Wantzenau Frankreich, 2020

Geschosswerfer der Wehrmacht in der Militärsammlung im Park Patriot, 2019.

4.7.2 Panzerabwehr

Gedenkstätte KZ-Außenlager Schlieben
Straße der Arbeit 8, 04936 Schlieben-Berga
www.schlieben-berga.de
GPS: 51°44'11.1"N 13°23'04.3"E

Die reaktive Panzerbüchse Panzerfaust war die häufigste eingesetzte Einmann-Panzerabwehrwaffe der deutschen Streitkräfte. Es war eine von der Schulter aus einsetzbare Einwegwaffe mit Bekämpfungsreichweiten von 30 bis 150 mn. Für die Entwicklung zeichnete die HASAG verantwortlich, die 1942 mit den Arbeiten begann. Das erste Modell, noch Faustpatrone genannt, wurde 1943 von der Panzerfaust 30 abgelöst. Im Dezember 1944 wurden über eine Million Stück produziert. Diese Waffe wurde ständig modifiziert und weiterentwickelt, aber Material- und Fertigungsmängel führten immer wieder dazu, dass zehntausende Panzerfäuste von der Front zurücktransportiert werden mussten. Mehrere Millionen Stück wurden produziert, einer der größten Produktionsstandorte war das HASAG-Werk Schlieben. Dieses Zweigwerk wurde ab 1938 errichtet. Nach dem Krieg wurde der Standort teilweise abgebrochen, ein Kernbereich als Tanklager militärisch nachgenutzt. Im Jahr 2011 etablierte sich eine Gedenkstätte mit Dauerausstellung, zuweilen werden Führungen zu den ruinösen Resten der Produktionsstätte durchgeführt. Im Gegensatz zur Panzerfaust stellte die Raketenpanzerbüchse 54 mit dem Eigennamen »Panzerschreck« eine wieder verwendungsfähige Panzerabwehrwaffe dar. Ein weiterer Unterschied war das Hohlladungsgeschoss, dessen Treibsatz die Rakete nicht nur beim Start, sondern permanent antrieb. Die Bekämpfungsreichweite lag bei 100 bis 180 m. Die Entwicklung begann 1943 auf der Basis erbeuteter US-amerikanischer »Bazooka«. Anfang 1944 erhielt das Heer tausende »Panzerschreck«, für die fünf- bis zehnmal mehr Geschosse vorrätig waren. Insgesamt wurden über zwei Millionen Panzerschreck-Geschosse produziert. Wie auch schon bei der Panzerfaust konzentrierte sich die Herstellung der Panzerschrecke bei der HASAG, ein Zweigwerk befand sich im thüringischen Meuselwitz. Auch hier wurden Häftlinge aus dem Konzentrationslager Buchenwald eingesetzt. An das Außenlager Meuselwitz und dessen Insassen erinnern mittlerweile zwei Gedenksteine.

Fahrrad mit zwei Panzerfäusten im MHM Dresden, 2022.

Gedenkstätte Schlieben, 2015.

Fundamentreste des einstigen Rüstungsbetriebes bei Schlieben, 2015.

4.7.3. Tieffliegerabwehr

Gedenkstätte für Zwangsarbeit Leipzig
Permoserstraße 15, 04318 Leipzig
www.zwangsarbeit-in-leipzig.de
GPS: 51°21'05.9"N 12°25'41.7"E

Grundsätzlich stützte sich die Tieffliegerabwehr des Heeres auf klassische Flugabwehrgeschütze mit unterschiedlichen Kalibern. Die Firma HASAG mit dem Stammwerk in Leipzig begann ab 1942 mit der Entwicklung von Panzerabwehrwaffen und erreichte deren Serienreife. Das Grundprinzip rückstoßfreier raketengetriebener Granaten ließ sich offensichtlich auch gegen tief fliegende Flugzeuge im Nahbereich anwenden, wenn auch nur ungelenkt und einer gewissen Streuwirkung unterliegend. Im Jahresverlauf 1944 wurde eine entsprechende Rakete mit der Bezeichnung »Luftfaust« entwickelt. Die erste Ausführung, die »Luftfaust-A«, war eine Einmann-Flugabwehrwaffe und bestand aus vier zu einem Paket zusammengefassten Rohren. Dieser schultergestützte Werfer wurde von der HASAG Leipzig entwickelt und verschoss raketengetriebene Minengranaten mit 2-cm-Kaliber. Die Weiterentwicklung »Luftfaust-B«, ein von der Schulter aus einsetzbarer Raketenwerfer mit 9 Rohren, erlaubte die Bekämpfung von Zielen auf eine Distanz von 300 bis 500 m. Der Verschuss der Raketen mit dem Kaliber 2 cm erfolgte als Salve. Ende 1944 oder Anfang 1945 bestellte das Heereswaffenamt eine erste Produktionsserie von 10.000 Raketenwerfern mit vier Millionen Geschossen. Die »Luftfaust-B« wurde ab Februar 1945 offiziell als »Fliegerfaust« bezeichnet. Von der Luftwaffe erhielt das Heer einige Flugabwehrraketenwerfer »Föhn«, mit denen sich Raketensprenggranaten mit dem Kaliber 7,3 cm abfeuern ließen. Auch als Flakwerfer 44 bezeichnet, zeichnete für dessen Entwicklung die Rheinmetall-Borsig AG verantwortlich. Ein solcher Werfer beinhaltete 35 Abschussrohre, das salvenartige Feuer sollte Flugziele bis in 1200 m Höhe bekämpfen. Die Werfer kamen beim Kampf um die Ludendorff-Brücke über den Rhein in Remagen zum Einsatz. Im Dezember 1944 gelang damit der Abschuss von zwei Flugzeugen, der Munitionsaufwand dafür betrug 5000 Granaten. Es wurden sowohl ortsfeste als auch lafettierte Werfer benutzt. Der Munitionsbergungsdienst des Bundeslandes Sachsen stellte in den letzten Jahren Einzelfragmente der »Luftfaust« sicher.

Mahnmal für ermordete Widerstandskämpfer in Leipzig-Abtnaundorf, 2015.

4.7.4. Panzerabwehrlenkrakete X-7 »Rotkäppchen«

Am Presswerk, 33647 Bielefeld
GPS: 51°59'37.07"N 08°30'04.78"E
(Presswerk Brackwede)

Auch wenn die gelenkte oder nachsteuerbare Panzerabwehrrakete X-7 mit dem Eigennamen »Rotkäppchen« nie in den Einsatz gelangte, so zeigte diese Waffenkategorie die Zukunft auf dem Schlachtfeld auf. Die Idee einer solchen Rakete äußerte BMW im Jahr 1941, zu einem Zeitpunkt, als aufgrund des günstigen Kriegsgeschehens keine Notwendigkeit für eine solche Panzerabwehrwaffe bestand. Zudem herrschte zwischen Luftwaffe und Heer noch Unklarheit darüber, wer diese neuartigen Raketenwaffen einsetzen sollte. Die Entwicklung führte schließlich ab 1943 die Ruhrstahl AG in Brackwede durch, die auch schon für die drahtgelenkte Bordrakete X-4 der Luftwaffe verantwortlich zeichnete und auf die dabei gewonnenen Erfahrungen zurückgreifen konnte. So kann die X-7 durchaus als Weiterentwicklung der X-4 verstanden werden. In Brackwede befand sich neben dem Presswerk als Produktionsstandort auch eine industrielle Erprobungsstelle mit Bodenprüfständen und weiteren

Einmann-Bunker auf dem Gelände des ehemaligen Rüstungsbetriebes in Hattingen, 2010.

Luft-Luft-Rakete Ruhrstahl X-4 im Technikmuseum Berlin, 2019.

Versuchseinrichtungen für u. a. die neuartige Drahtlenkung. Mit dem Zieldeckungsverfahren sollten Bekämpfungsreichweiten von bis zu 1200 m erreicht werden. Gestartet wurde die 9 kg schwere Rakete von einer lafettierten Abschussschiene, der Hohlladungssprengkopf wog 2,5 kg. Der Antrieb setzte sich aus einem Start- und Marschtriebwerk zusammen und beschleunigte die Rakete auf 360 km/h. Im Spätsommer 1944 fanden auf dem Truppenübungsplatz Senne in Westfalen die ersten Probeschüsse statt, die weitere Erprobung verlief erfolgreich. Die Serienproduktion begann daraufhin bei der Ruhrstahl AG in Brackwede und den Mechanischen Werkstätten Neubrandenburg GmbH in Neubrandenburg. Letzterer galt als einer der größten Standorte der Wehrwirtschaft in Mecklenburg und war fest in das System der Konzentrationslager eingebunden. Einige hundert Exemplare der »Rotkäppchen« wurden fertig gestellt und möglicherweise in Bergstollen und Verlagerungsobjekten eingelagert. Für die Siegermächte stellten diese Raketen eine willkommene technologische Beute dar, die erprobt war

Blick vom Hochofen 3 der Henrichshütte in Hattingen (ehemaliger Produktionsstandort von Ruhrstahl), 2010.

4.8. Atomforschung

4.8.1. Atomversuchsstelle Gottow

L70, 14947 Nuthe-Urstromtal, Deutschland
GPS: 52°05'28.4"N 13°18'30.6"E

Neben der Heeresversuchsanstalt mit der Raketenversuchsstelle Kummersdorf-West entstand wenige Kilometer weiter westlich die Versuchsstelle Gottow. Hier wurden unterschiedliche Versuche durchgeführt, die fast immer im Zusammenhang einer Waffenentwicklung- beziehungsweise Erprobung stand.

Ein besonderes Kapitel stellte aber auch die Atomforschung der Gruppe von Wissenschaftlern um Kurt Diebner vor. Im Sommer 1939 berief man den Kernphysiker Kurt Diebner (1905–1964) zum Leiter des neu aufgebauten Referats für Atomphysik des Heereswaffenamtes (HWA) in Gottow. Kurze Zeit später entstand etwas abseits der vorhandenen Labor- und Werkstattgebäude der erste Atomreaktor der Welt. In dieser »Uranmaschine" führte die Forschergruppe um Diebner mehrere Versuchsreihen mit Uranwürfeln durch.

Bei den Experimenten stellte sich heraus, dass das Prinzip der Uranwürfel der konkurrierenden Schichtenanordnung von Uranplatten unter Werner Heisenberg (1901–1976) überlegen war und eine Neutronenausbeute nachgewiesen werden konnte, das heißt, dass man erstmalig einen kritischen Zustand eines Kernreaktors herbeiführen konnte. Etwa 1000 Mitarbeiter arbeiteten in Gottow an zahllosen geheimen Forschungsaufträgen.

Die Versuchsstelle Gottow wurde einige Monate vor Kriegsende evakuiert, die meisten Akten wurden verbrannt oder gingen verloren. Die unterschiedlichen Gruppen der Atomforschung führten für einige Monate die Forschungstätigkeiten an neuen Standorten zumeist fernab der Industrie- und Rüstungszentren weiter. Die Gruppe Diebner verfügte über eine provisorische Forschungsstätte in Haigerloch.

Wie auch aus anderen technologischen Zentren Deutschlands wurden aus Gottow und Kummersdorf Wissenschaftler, Technischer und weiteres Fachpersonal nach Kriegsende in die Sowjetunion verschleppt, um dort ihr Wissen abzuschöpfen. Die noch vorhandenen Gebäude wurde Mitte der 1960er-Jahre von den sowjetischen Streitkräften zum Munitionslager umgebaut. Die Fundamente des ersten Atomreaktors sind noch immer vorhanden.

Das Historisch-Technische Museum Kummersdorf organisiert an wenigen Terminen im Jahr Besichtigungen durch die ehemalige Versuchsstelle Gottow. Die noch vorhandenen Gebäude sollen in einen Museumspark integriert werden. Ob die Pläne für das riesige Areal zu den veranschlagten Kosten tatsächlich umgesetzt werden können, bleibt fraglich.

Blick auf die Reste des einstigen Forschungsreaktors in Gottow, 2009.

Keller des Forschungslabors Stadtilm, 2020.

4.8.2. Forschungslabor Stadtilm

Schulstraße, 99326 Stadtilm
GPS: 50°46'28.54"N 11° 4'39.81"E

Wegen der ab 1943 zunehmenden Luftangriffe auf deutsche Großstädte bzw. Rüstungszentren und den damit verbundenen Zerstörungen wurden viele wichtige politische und wirtschaftliche Einrichtungen in vermeintlich sichere Gegenden in Mittel- und Süddeutschland verlegt, so auch nach Thüringen. Im Zuge dieser Evakuierungen fand ab September 1944 eine zehnköpfige Wissenschaftlergruppe um Dr. Kurt Diebner eine neue Wirkungsstätte im als bombensicher bewerteten Gewölbekeller einer ehemaligen Mälzerei hinter dem Rathaus in Stadtilm, die man von 1938 bis 1939 zur Schule umgebaut hatte. Kurt Diebner war leitender Wissenschaftler für die Kernforschung im Heereswaffenamt und vor der Verlagerung nach Stadtilm an der Chemisch-physikalischen- und Atom-Versuchsstelle Gottow der Wehrmacht westlich der Heeresversuchsanstalt Kummersdorf bzw. dem Kaiser-Wilhelm-Institut für Physik in Berlin-Dahlem tätig. Ziel der Forschung war es die Kernspaltung militärisch nutzbar zu machen. Auch die Versuchsstelle in Gottow und das Kaiser-Wilhelm-Institut in Berlin wurden 1943 Ziel von massiven alliierten Luftangriffen, so dass man sich Mitte 1944 zur Evakuierung entschied. Am 23. September 1944 wurde der Mietvertrag für die Mittelschule und ihren Keller unterzeichnet und die Räumlichkeiten bezogen.

Im in Stadtilm errichteten Labor wollten die Wissenschaftler ihre Forschungen im Rahmen des Uranprojektes an einem Modellreaktor mit Uranwürfeln und schwerem Wasser fortsetzen, mit denen sie bereits in Gottow bemerkenswerte Ergebnisse erzielen konnten. Die mit der Würfelanordnung erreichten Resultate der Forschungsgruppe Diebner beeindruckten auch Werner Heisenberg,

Zugang zum Keller der ehemaligen Mittelschule, 2020.

dem damaligen Leiter des Kaiser-Wilhelm-Instituts, der dieser Modell-Anordnung aber sehr kritisch gegenüberstand. Die letzte Materiallieferung soll im Januar 1945 nach Auflösung des Labors im Kaiser-Wilhelm-Institut in Stadtilm eingetroffen sein. In der Literatur gibt es abweichende Aussagen bezüglich der Frage, ob es in Stadtilm bereits einen Modellreaktor gab oder noch nicht.

Überhaupt sind über die Atom-Forschung in Stadtilm, die unter strengster Geheimhaltung stattfand, wenig gesicherte Fakten bekannt, dafür aber umso mehr Spekulationen im Umlauf. Welche Versuche, wie und mit welchen Ergebnissen tatsächlich durchgeführt wurden, ist unklar. Ein Klempnermeister soll bei Befragungen nach dem Krieg sogar ausgesagt haben, dass wegen der noch nicht abgeschlossenen Umbauarbeiten keinerlei Forschung in Stadtilm stattgefunden habe. Als gesichert gilt, dass es keiner deutschen Forschergruppe gelang, einen funktionsfähigen Atomreaktor zu bauen. Auch über die Frage, ob die Entwicklung einer Atombombe unter den Bedingungen gegen Ende des Krieges, vor allem der Ressourcenknappheit, in Deutschland möglich gewesen wäre, gehen die Meinungen auseinander.

Wegen der sich nähernden Amerikaner setzte sich Kurt Diebner zusammen mit anderen Wissenschaftlern am 8. April 1945 unter Mitnahme von Forschungsunterlagen, Instrumenten und anderem wichtigen Material nach Bayern ab. Hier wurde er kurze Zeit später von einem US-Kommando festgenommen und zusammen mit weiteren am Uranprojekt beteiligten deutschen Wissenschaftlern im Rahmen der Operation »Epsilon« bis zum 30. September 1945 in Farm Hall in Godmanchester bei Cambridge in Südengland interniert.

Nach der Einnahme von Stadtilm durch die 3. US-Armee unter General George Patton am 12. April 1945 wurde das Atomlabor im Keller, von Mitgliedern der ALSOS III-Mission unter Oberst Boris Pash, später auch vom Physiker Prof. Dr. Samuel Goudsmit, untersucht. Es war das erste Labor der deutschen Atomforschung, was sie entdeckten. Ihre Eindrücke verarbeiteten beide in Büchern. ALSOS war der Codename dreier US-amerikanischer Geheimdienstoperationen, die zwischen Ende 1943 und Ende 1945 im Rahmen des so genannten Manhattan-Projektes durchgeführt wurden, um zu ermitteln, ob es ein deutsches Projekt zum Bau einer Atombombe gab, und wenn ja, wer daran beteiligt war und wie der aktuelle Forschungsstand war bzw. den Fortgang der Forschung zu

Keller des Forschungslabors Stadtilm, 2020.

stoppen. Goudsmit beschrieb in seinem 1947 veröffentlichten Buch »ALSOS« den Keller als einer natürlichen Höhle ähnelnd und ziemlich bombenfest wirkend. In ihm sollen die Amerikaner bei ihrem Eintreffen die wenigen verbliebenen Physiker mit ihren Familien zusammengedrängt vorgefunden haben. Pash, der zuerst in Stadtilm war, stieß außerhalb des Gebäudes auf einen großen Paraffinblock, der möglicherweise bei Atomexperimenten als Strahlenschutz dienen sollte. Er fand Gegenstände, die wie Briketts aussahen und befragte die im Keller befindlichen Personen danach. Diese behaupteten, es handele sich nur um Kohle, wie sich später herausstellte war es aber tatsächlich gepresstes Uranoxid. Laut Goudsmits Beschreibung hatten die Deutschen etwa in der Mitte des Kellers eine tiefe Grube gegraben, in der sie geplant hatten, eine Struktur aus Uranoxid-Blöcken zu bauen und mit schwerem Wasser zu umgeben. Die Beschreibung deutet auf den schon angesprochenen Modellreaktor hin. Daneben soll sich eine kleine Grube mit einer schweren Bleiabdeckung und Radiumspuren befunden haben. Goudsmit beschreibt den Keller als ziemlich leer und demontiert, in dem gerade so viel verblieben war, um das dortige Geschehen rekonstruieren zu können. Die Labore im Schulgebäude waren noch größtenteils intakt, auch einige gute Standardinstrumente sollen sich in ihnen befunden haben. Goudsmit deklarierte die Ausstattung als erbärmlich und kaum tauglich für ein ernsthaftes Atomenergieprojekt.

In Stadtilm sollte neben Diebner auch der Hauptkoordinator der deutschen Kernforschung, der Physiker Walther Gerlach aus München, seinen Verwaltungssitz gehabt haben. Auch dieser hatte sich noch vor Diebner, zusammen mit Material und Ausrüstung, vorm Eintreffen der Amerikaner abgesetzt.

In Verhören verbliebener, eher unbedeutender wissenschaftlicher Mitarbeiter erfuhr Goudsmit auch, dass Diebner und einige seiner wichtigsten Männer zusammen mit allem Material der Uranforschung Stadtilm nur zwei Tage zuvor verlassen hatten. Kurz zuvor sollen Gestapo-Beamte mit Lkw und Pkw zu Diebner nach Stadtilm gekommen sein und ihn aufgefordert haben, alles Material für die Fortsetzung der Atomforschung an einem anderen Ort zu sammeln, auf die Lkw verladen zu lassen und ihnen dann zu folgen. Das Ziel wurde geheim gehalten, die Befragten vermuteten, es ginge nach Bayern. Weil in Bayern keine verfügbare Laboreinrichtung gefunden wurde, soll von Ort zu Ort gefahren worden sein, bevor die Festnahme erfolgte.

Am 14. April verließen die ALSOS-Experten Stadtilm. Im Gepäck hatten sie viele aufschlussreiche Dokumente und

Materialien, die sie in Stadtilm vorfanden und die später analysiert wurden. Hierunter waren auch Berichte von Walther Gerlach über die Fortschritte der Arbeiten. Die Experten der ALSOS-Mission kamen dadurch zu dem Schluss, dass das deutsche Uranprojekt noch am Anfang stand, so erklärt es jedenfalls Goudsmit in seinem Buch. Wertvoll waren die erbeuteten Akten für die Amerikaner auch deshalb, weil ihre bisherigen nur vagen Vorstellungen nun durch konkrete Namen, Daten und Geldbeträge des Projektes konkretisiert wurden.

Nach dem Krieg wurde der Keller als Lager- und Heizraum genutzt, das Gebäude der Mittelschule fungierte bis zum Ende der DDR weiter als Schule bzw. Schulhort. 2002 wurde das Gebäude abgerissen, der Keller blieb erhalten. Heute erinnert lediglich ein gestalteter Brunnen mit einem stilisierten Uranwürfel vorm Keller an seine Verbindung zur deutschen Atomforschung. Eine Infotafel sucht man vor Ort vergebens, allerdings soll es im Stadtmuseum eine Dokumentation zum Kernforschungslabor geben.

Verputzte Grube des Forschungsreaktors, 2020.

4.8.3. Forschungsreaktor Haigerloch

Pfluggasse 5, 72401 Haigerloch, Deutschland
GPS: 48°22'01.6"N 8°48'14.7"E

Neben der Gruppe um Kurt Diebner forschten weitere Physiker wie etwa Otto Hahn, Carl Friedrich von Weizsäcker und Werner Heisenberg am deutschen Nuklearprogramm. Heisenbergs Wirkungsstätte war das Kaiser-Wilhelm-Institut für Physik in Berlin-Dahlem. Das Heereswaffenamt versuchte schrittweise die Forschungstätigkeiten zu bündeln, um schneller Resultate vorweisen zu können. Nachdem Kurt Diebner kurzzeitig zwischen Januar 1940 bis September 1942 die Funktion der Geschäftsführer des KWI für Physik übernahm, kam es auch zu einer Zusammenarbeit zwischen beiden Wissenschaftlern. Nachdem die Forschungstätigkeiten mit ihren Versuchsaufbauten durch die steten alliierten Luftangriffe nicht mehr sicher durchgeführt werden konnten, suchte man einen bombensicheren alternativen Forschungsstandort. Diesen fanden die Kernphysiker um

Zugang zum heutigen Atomkeller-Museum in Haigerloch, 2017.

Nachbau des ehemaligen Forschungsreaktors Haigerloch, 2017.

die Professoren Heisenberg und Weizsäcker im Eyachtal zwischen dem Schwarzwald und der Schwäbischen Alb gelegen. Der ehemalige Bierkeller des Haigerlocher Schwanenwirts wurde im Juli 1944 zum Höhlenforschungslabor umgebaut. Versteckt im bombensicheren Untergrund und sicher im Muschelkalk des schmalen Eyachtals konnten beim so genannten Großversuch B8 Anfang März 1945 eine Kettenreaktion in der als Uranmaschine bezeichneten Aufbaus in Gang gesetzt werden. Der Versuchsaufbau war aber zu klein, um eine selbsterhaltende nukleare Kettenreaktion zu erreichen. Daher sollten die Reste an schwerem Wasser und Uran, die sich noch in Stadtilm befanden, laut Heisenberg nach Haigerloch transportiert werden, um weitere Aussagen treffen zu können. Doch durch den Vormarsch der Westalliierten waren in den letzten Wochen des Krieges nicht nur keine Kommunikationsmittel mehr flächendeckend vorhanden, noch standen Transportkapazitäten zur Verfügung. Von einer deutschen Atomwaffe, die heute einige Autoren beschreiben, waren zumindest die Arbeiten in Haigerloch weit entfernt. Heute wird die kurzzeitige Forschungstätigkeit im Atomkeller-Museum dokumentiert. Neben historischen Fotos und Hintergrundinformationen dokumentiert eine originalgetreue Rekonstruktion des Reaktors an die damaligen Arbeiten.

Blick in den ehemaligen Forschungsreaktor Haigerloch, 2017.

Versuch i
1945

Modell und Einrichtungsgegenstände des ehemaligen Forschungsreaktors Haigerloch, 2017.

Kapitel 5

EINRICHTUNGEN DER SS UND WAFFEN-SS

Einige Jahre nach der Gründung der Nationalsozialistischen Deutschen Arbeiterpartei (NSDAP) wurde 1923 eine so genannte Stabswache gegründet, die vorerst ausschließlich für eine Absicherung von politischen Veranstaltungen der Partei vorgesehen war. Vom »Stoßtrupp Adolf Hitler« wandelte sich diese Unterorganisation der Partei im April 1925 zur so genannten Stabswache, die nun in der Öffentlichkeit unter anderem bei Veranstaltungen wie Fackelumzügen immer häufiger in Erscheinung trat.

1925 erhielt diese Organisation einheitlich die Bezeichnung Schutzstaffel (SS). 1929 wurde Heinrich Himmler zum Reichsführer SS ernannt, so der höchste Dienstgrad der SS. In einem Schreiben von November 1930 skizzierte Adolf Hitler die Aufgaben der SS wie folgt: »Die Aufgabe der SS ist zunächst die Ausübung des Polizeidienstes innerhalb der Partei.« Doch nach und nach wandelte sich die SS zu einem Konglomerat verschiedenster Aufgabenbereichen von polizeilichen und nachrichtendienstlichen Funktionen wie dem Sicherheitsdienst (SD).. In Konkurrenz zur etwas früher gegründeten Sturmabteilung (SA) der NSDAP, die zuerst ebenfalls zur Absicherung von politischen Kundgebungen gegründet wurde, eine kurze Zeit als Hilfspolizei fungierte, aber nach dem so genannten Röhm-Putsch Mitte 1934 entmachtet wurde, erlangte die SS nach und nach eine besondere Machtstellung im Staatsapparat. Im Verlauf des Jahres wurden erste militärisch ausgebildete Verbände in etwa Regimentsgröße aufgestellt mit einer möglichen Frontverwendung im Mobilmachungsfall. Eine dieser Standarten war die »Leibstandarte SS Adolf Hitler«, eine andere die Standarte »Deutschland« und andere zählten zu den so genannten SS-Totenkopfverbänden. Im Krieg erfolgte die Zusammenfassung der Verbände zur so genannten SS-Verfügungstruppe, aus der 1940 die so genannte Waffen-SS hervorging. Diese unterstand in Personalangelegenheiten, Besoldung und Versorgung der SS bzw. dem Reichsführer SS, in allen anderen Bereichen jedoch dem Heer. Zu Friedenszeiten rekrutierten sich die Standarten ausschließlich aus Freiwilligen; die Führungsriege sollte politisch besonders zuverlässig sein und gleichzeitig den rassischen und sonstigen Vorstellungen der nationalsozialistischen Ideologie im Sinne einer Elite entsprechen.
Die aus den Totenkopfverbänden hervorgegangene Totenkopfdivision bestand zunächst aus 18.000 Mann, die aus dem Personalbestand der Kräfte der Ordnungspolizei, teilweise aus Wachmannschaften der Konzentrationslager sowie aus Freiwilligen bestanden. Parallel wurde die Leibstandarte zu einem verstärkten motorisierten Infanterieregiment, dann zur Panzergrenadier- und im Oktober 1943 schließlich zur Panzerdivision ausgebaut. Dies galt auch für die anderen bis dahin aufgestellten Panzergrenadierdivisionen der Waffen-SS. Die Organisation der Verbände glich in weiten Teilen der des Heeres, einige waren – da sie vom eigenen SS-Waffenamt und nicht vom Heereswaffenamt versorgt wurden – oftmals besser ausgerüstet und verfügten aufgrund erweiterter Gliederung über eine höhere Personal- sowie Ausrüstungsstärke. Bei der Einbindung der Waffen-SS in militärische Frontoperationen kam es vielfach zu Auseinandersetzungen zwischen Befehlshabern der Waffen-SS und des Heeres, was Fragen der Taktik und Operationsführung anging. Nach anfänglich knapp 23.000 Mann 1939 wuchs die Truppenstärke bis 1945 auf etwa 600.000 Soldaten an. Ab

1942/43 war die Waffen-SS, die vorzugsweise an Brennpunkten der Fronten eingesetzt wurde, aufgrund hoher Ausfälle und wegen des fortgesetzten Ausbaus neben Freiwilligen zunehmend auf Wehrpflichtige angewiesen. Nach einer Vereinbarung zwischen Heer und Waffen-SS wurden volksdeutsche Bevölkerungsgruppen (etwa aus dem Banat, Siebenbürgen oder Ungarn) zur Ableistung ihrer Wehrdienstpflicht grundsätzlich zur Waffen-SS eingezogen. Nicht unbeträchtlich war insbesondere in der zweiten Kriegshälfte der Anteil ausländischer Freiwilliger aus West-, Nord- und Osteuropa sowie dem Baltikum. Selbst Ukrainer, Russen und moslemische Kroaten/Bosnier dienten bei der Waffen-SS. Da an Brennpunkten der Fronten eingesetzt, lag die Verlustrate der Waffen-SS prozentual an zweiter Stelle hinter der U-Bootwaffe.

Die Wewelsburg bei Paderborn sollte zu einer Versammlungsstätte für die höchsten SS-Offiziere ausgebaut werden, 2012.

Zugang zu einem der wichtigsten Nachrichtenbunker der SS bei Fürstenwalde/Spree, 2005.

5.1 Truppenübungsplätze

5.1.1 Kurmark

Kiefernweg, 15868 Lieberose
www.die-lager-jamlitz.de
GPS: 51°59'36.7"N 14°21'54.6"E
(Erinnerungsort: KZ-Gedenkstätte)

Nach dem erfolgreich verlaufenden Feldzügen der Jahre 1939–1941 wurde im Winter 1942/1943 eine personelle Aufstockung der Waffen-SS beschlossen. Daher mussten vorhandene Ausbildungseinrichtungen und Unterkünfte erweitert bzw. neu geschaffen werden. Das Gebiet östlich von Lieberose (ca. 100 km südöstlich Berlin) wurde daher zum Standort des Truppenübungsplatzes »Kurmark« bestimmt, für dessen Ausbau die Bewohner von 17 Dörfern umgesiedelt werden mussten. Für die Bauarbeiten wurden im Herbst 1943 Häftlinge aus dem KZ Sachsenhausen herbeigeschafft, für die am östlichen Ende des Dorfes Jamlitz ein Lager mit 18 Unterkunftsbaracken errichtet wurde. Später folgten weitere Häftlinge, vorrangig Juden, aus den Konzentrationslagern Groß-Rosen und Auschwitz-Birkenau.

Insgesamt wurden etwa 10.000 Personen beim Bau des knapp 40 000 Hektar großen Truppenübungsplatzes eingesetzt. Vor der nahenden Roten Armee wurden die Inhaftierten von den Wachmannschaften der SS kurz vor Kriegsende teils zu Fuß in das mehr als 100 km entfernte

Mahnmal Lieberose, 2021.

5.2.1 Raketenerprobungsstelle Leba

ul. Do Rabki, 84-360 Łeba (Leba), Polen
GPS: 54°45'04.3"N 17°28'00.8"E
(Museum)

Im Sommer 1940 traf ein Vorkommando der Firma Rheinmetall-Borsig AG auf der Suche nach einem geeigneten Gelände für eine Raketenerprobungsstelle im Ostseebad Leba ein. Ab November 1941 wurden dann im umgangssprachlich »Klein-Peenemünde« genannten Objekt die ersten Reichweitenversuche mit der knapp 13 m langen mehrstufigen Feststoffrakete »Rheinbote« unternommen, die bis zu 230 km weit flog. Da das Projekt keine Priorität besaß, standen die ersten Vorserienmodelle erst im letzten Kriegsjahr zur Verfügung. 220 Raketen wurden im Winter 1944/1945 auf Antwerpen an der Westfront abgeschossen, verfehlten ihr Ziel aber wegen einer falschen Berechnung. Die ab 1943 entwickelte, fernsteuerbare Flugabwehrrakete »Rheintochter« wurde ebenfalls in Leba getestet. Die knapp sechs Meter

Im Museum in Leba werden verschiedene Raketen ausgestellt, 2015.

Im Umfeld der tschechischen Stadt Prag soll die Waffen-SS 1944/45 an zahlreichen Verlagerungs- und Technologiestandorten gearbeitet haben, wie hier in einem Steinbruch bei Mořina.

Konzentrationslager Sachsenhausen getrieben. Auf dem Weg dorthin, aber auch bei dem ausbeuterischen Arbeitseinsatz und wegen der mangelnden Versorgung in Jamlitz, verloren viele Häftlinge ihr Leben.
Ab Herbst 1945 wurde das Barackenlager als Speziallager Nr. 6 der Sowjetischen Militäradministration weitergeführt, in dem Angehörige von NS-Organisationen, aber auch willkürlich aufgegriffene Personen unter erbärmlichen Umständen inhaftiert wurden. Von den knapp 10.000 internierten Personen hat etwa ein Drittel nicht überlebt, was allgemein für in sowjetische Gefangenschaft geratene deutsche Soldaten und Zivilpersonen galt. Das Speziallager wurde im April 1947 aufgelöst. Mehr als 1000 Häftlinge wurden in die Sowjetunion verschleppt, weitere Insassen auf andere Speziallager in der Sowjetischen Besatzungszone verteilt. 1973 wurde eine erste Gedenkstätte für die Häftlinge des KZ-Außenlagers eröffnet, 1982 folgte ein Dokumentenhaus, das die NS-Geschichte des Ortes aufarbeitete und der interessierten Öffentlichkeit langsam zugänglich machte.
Nach der Deutschen Einheit begann man sich auch mit dem bis dahin tabuisierten Thema der sowjetischen Speziallager zu beschäftigen.

2003 wurden am nördlichen Ortsrand von Jamlitz schließlich separate Gedenk- und Informationstafeln errichtet, die an das KZ-Außenlager bzw. an das sowjetische Speziallager erinnern.

Beobachtungsbunker des einstigen Truppenübungsplatzes Lieberose, 2021.

5.1.2 Heidelager

Paszczyna 98 B, 39-207 Dębica, Polen
GPS: 50°06'01.1"N 21°31'08.0"E
(Erinnerungsort KZ-Außenlager Pustkow)
GPS: 50°11'22.1"N 21°36'26.8"E
(Museum Blizna)

Noch vor dem Ausbau des SS-Truppenübungsplatzes in der Nähe von Berlin erfolgte auf direkten Befehl von Reichsführer SS Heinrich Himmler der Aufbau eines Areals im besetzten Generalgouvernement Polen. Zuerst als SS-Truppenübungsplatz »Ostpolen« bezeichnet, erfolgte im März die Umbenennung zum SS-Truppenübungsplatz »Heidelager«. Im Kern bestand die Einrichtung aus vier Ringstraßen. In diesem Bereich wurden die Baracken und ein Teil der Lehr- und Ausbildungsgebäude errichtet. Streng abgeschottet vom Ausbildungsbetrieb des Truppenübungsplatzes wurde nach der teilweisen Evakuierung Peenemündes nach den verheerenden Luftangriffen auf die Insel Usedom im Rahmen der Operation »Hydra« Ende August 1943 auf dem Truppenübungsplatz zwischen November 1943 und Juli 1944 die Ausbildung der Bedienmannschaften mobiler Fernraketenbatterien sowie fortlaufende Erprobungen der A4 zur Einsatzfähigkeit durchgeführt. Dabei wurden 139 A4-Raketen in Richtung Ostsee verschossen, um eine Ausbildung an der neuartigen Fernwaffe und eine weitere Erprobung der laufenden Raketenentwicklung fern von den alliierten Bomberverbänden und der Luftaufklärung vornehmen zu können. Auf dem Truppenübungsplatz wurde das Personal der Lehr- und Versuchsbatterie 444 ausgebildet, um dann wenige Monate später den Beschuss auf den Großraum London aus dem besetzten Frankreich aufnehmen zu können. Bei den Raketentests kam es auch regelmäßig zu Beschädigungen von umliegenden privaten Häusern, die entlang der Flugbahnen lagen. Durch polnische Partisanen konnten nicht nur Fotos der A4 angefertigt und nach Großbritannien übermittelt werden, sondern es konnten auch Teile abgestürzter Raketen in die Hände der Widerstandsgruppen fallen, die ebenfalls zur Auswertung an die Alliierten geschmuggelt werden konnten. Neben den Versuchen mit der A4-Rakete erfolgte im Winter 1943/1944 eine Verlegung des technischen Personals von der Raketenerprobungsstelle Rumbke auf den Truppenübungsplatz Heidelager. Wegen des Vormarsches der Roten Armee wurden das Personal des Areals und die hier zur Ausbildung liegenden Einheiten der Waffen-SS im Herbst 1944 evakuiert.

Die Ringstraßen sind noch heute vorhanden. Daneben erinnern in der Umgebung zahlreiche Museen und Erinnerungsorte an das Schicksal der eingesetzten Fremd- und Zwangsarbeiter. Mehr als 15.000 Menschen sollen hier zwischen 1940 und 1944/1945 ihr Leben verloren haben. Daneben informieren ein Technikmuseum sowie zahlreiche Tafeln auf dem Gelände über die Versuche der neuartigen Fernwaffen. Am Fundort der abgestürzten A4 erinnert ein weiteres Denkmal an den Erfolg der Partisanen bei der Erbeutung der Raketenteile.

Museum Blizna mit einer Replik einer A4-Rakete, 2015.

lange Rakete mit einer maximalen Flughöhe von 14.700 m hätte gegen alliierte Bomberverbände eingesetzt werden können, doch die Entwicklungsarbeit wurde nicht forciert, da die Wehrmachtführung ab 1944 zur Bekämpfung von feindlichen Flugzeugen auf in großer Stückzahl zu produzierende Abfangjäger setzte. Angehörige der Waffen-SS besuchten mehrfach die Erprobungsstelle und standen mit ihrer Expertise zur Verfügung. Anfang 1945 wurde die Raketenerprobungsstelle Leba angesichts der vorrückenden Roten Armee evakuiert. Zuvor wurden Startversuche der neuartigen Raketen wie der A4 auch auf den Truppenübungsplätzen der SS im besetzten Polen durchgeführt. Zwischen 1963 und 1974 wurden auf dem Schießplatz in Leba polnische Höhenforschungsraketen erprobt, heute befindet sich dort ein Museum inmitten des Nationalparks »Lontzkedüne« auf halbem Weg zur größten Wanderdüne Pommerns.

Der Zutritt zu dem Gebiet ist erst nach der Entrichtung einer Eintrittsgebühr für die Pflege und den Schutz des Parks möglich.

Rheinbote und Rheintochter im heutigen Museum in Leba, 2015.

Replik einer A4-Rakete in Leba, 2015.

Achtung Minen! Touristisches Hinweisschild in Leba, 2015.

5.2.2 SS-Waffenakademie in Brünn (Brno)

615 00 Brno-Židenice, Tschechien
GPS: 49°12'20.1"N 16°38'00.3"E
(Fabrikationshalle)
GPS: 49°13'43.3"N 16°34'54.0"E
(Technikmuseum Brünn)

Der weitläufige und moderne Gebäudekomplex der 1918 gegründeten Ceskoslovenska Zboiowka Brno (Tschechoslowakische Waffenfabrik Brünn) wurde nach Beginn des Krieges 1939 enteignet und unter die Kontrolle der SS gestellt. Nachdem die Produktion bis August 1944 ohne große Unterbrechungen weiterlief, wurde die Fabrik zum Standort der SS-Waffenakademie bestimmt. Durch einen immer stärkeren Austausch zwischen dem SS-Waffenamt und dem Heereswaffenamt sollten zahlreiche Projekte schneller zur Serienreife gebracht werden. Doch auch Standardgewehre wie der Mauser-Karabiner 98k und das Gewehr 33/40 sowie ehemals tschechische Modelle wurden in den hiesigen Werkshallen für alle Teilstreitkräfte gefertigt. Einen der wichtigsten Orte für die Techniker der SS stellte in den letzten Monaten des Krieges die Waffenakademie in Brünn dar. Neben rein praktischen Arbeiten an etablierten Kanonen und Gewehren erfolgte auch hier die Forschung an neuartigen Einsatzmitteln, die aber allesamt nicht über die Theorie oder einen Vorserienstatus hinauskamen. Durch die Konzentration von Rüstungsunternehmen in Brünn geriet die Stadt ab August 1944 mehrfach in den Fokus der alliierten Bomberverbände. Nach der erfolgreichen Besetzung Italiens und dem Vormarsch der alliierten Streitkräfte in Richtung Norden konnten die alliierten Luftverbände nun auch von Süden aus operieren und die deutschbesetzten Gebiete angreifen. Nicht nur die Waffenfabrik, sondern auch weitere Rüstungswerke wurden von Bomben getroffen.

Eingangsbereich zum Areal der Waffenakademie, 2007.

Werksluftschutzbunker der Waffenfabrik, 2020.

5.2.3 SS-Denkfabrik in Pilsen

U Planetária 2969/1, 301 00 Plzeň 3, Tschechien
GPS: 49°44'52.5"N 13°22'49.3"E
(Museum der Familie Škoda)
GPS: 49°44'24.0"N 13°21'44.9"E
(Techmania Science Center)

Das 1859 gegründete Maschinenbauunternehmen entwickelte sich schnell zu einem verzweigten Konzern, der sich neben dem Maschinen- und Lokomotivbau auch schnell der Rüstungstechnik zuwandte. Nach dem Bau von Kanonen und Kanonentürmen für Schlachtschiffe stieg das Werk in Pilsen zur größten Waffenschmiede der k.u.k.-Monarchie Österreich-Ungarn auf. Mit der Gründung des selbstständigen tschechoslowakischen Staates 1918 wurden neben der Rüstungssparte die zivilen Aktivitäten verstärkt ausgebaut. Nach der Besetzung der Tschechoslowakei durch deutsche Truppen fielen auch die Škoda-Werke in den Kontroll- und Verfügungsbereich der Wehrmacht bzw. der deutschen Rüstungsindustrie. Nach einer Eingliederung in das Firmenkonstrukt der Reichswerke Hermann Göring erfolgte die Konzentration auf die Waffen- und Rüstungsindustrie. Die Holdinggesellschaft Waffen-Union Škoda-Brünn wurde 1942 in Berlin gegründet. Bis 1945 wuchs die Zahl der Arbeitskräfte allein im Werk Pilsen auf 45.000 Personen an, damit zählte der Konzern zu den größten Industrieunternehmen der Zeit.

Auf dem Gelände der Škoda-Werke in Pilsen wurde ab 1943 unter der Führung Hans Kammlers ein militärisches Hochtechnologiezentrum aufgebaut. Hier sollten schnellstmöglich potenziell kriegsentscheidende Ideen entwickelt, getestet und in den benachbarten Werkshallen produziert werden. Man entschied sich nicht nur wegen der hervorragenden Produktionsbedingungen für Pilsen, sondern die Region lag auch lange Zeit nicht im Einflugbereich der alliierten Luftstreitkräfte. Erst mit dem Vormarsch der Engländer und Amerikaner in Italien änderte sich die Lage und auch Pilsen und weitere Regionen auf dem besetzten Gebiet Mitteleuropas waren nun nicht mehr sicher. Auch Angriffe auf deutsche Städte flogen die Amerikaner nun von Italien aus.

Zu einem der unbekannteren, aber vielversprechenden Projekte zählten die theoretischen Vorarbeiten zu der riesigen Feststoffrakete V-101. Die 30 m hohe Rakete hätte bei einer Gipfelhöhe von 200 km eine Reichweite von 1800 km erreicht. Bis auf Pläne und theoretische Berechnungen wurde das Projekt nicht umgesetzt.

Nach einem alliierten Luftangriff am 25. April 1945 wurden zahlreiche Fabrikationshallen in Pilsen zerstört. In der kommunistischen CSSR wurde das Unternehmen wie viele weitere andere verstaatlicht. Zahlreiche Unternehmenszweige existieren bis in die Gegenwart.

Luftbild der Škoda-Werke in Pilsen, Sommer 1945.

Eingangsbereich des Techmania Science Center in den historischen Werkhallen, 2022.

6.4. Die Autoren

Stefan Büttner

Jahrgang 1974, geboren und aufgewachsen in Berlin, Ausbildung und Tätigkeit in einem öffentlichen Beförderungsunternehmen, seit 1991 weltweit als Luftfahrtfotograf und -autor aktiv, 2012 Gründungs- und Vorstandsmitglied des Vereins »Orte der Geschichte«, Reservist der Luftwaffe (Presse- und Öffentlichkeitsarbeit, Politische Bildungsmaßnahmen), zahlreiche Druckveröffentlichungen zur Luftfahrtgeschichte in Monatsperiodika, zunehmend in Buchform (»Rote Plätze – Sowjetische Militärflugplätze in Deutschland«, Berlin 2007 und »Sowjetische Hinterlassenschaften in Berlin und Brandenburg«, Berlin 2014).

Martin Kaule

Jahrgang 1979, geboren und aufgewachsen in Berlin, 1999–2001 Studium zum Informatik-Betriebswirt an der Verwaltungs- und Wirtschaftsakademie Berlin, seit 2001 Fotodokumentation von »Orten der Zeitgeschichte«, seit 2003 Betreiber eines Internetforums zu Orten der Zeitgeschichte mit inzwischen mehr als 15 000 Mitgliedern, seit 2005 Organisation von Exkursionen sowie Bildungs-, Studien- und Forschungsreisen durch ganz Europa, 2012 Gründungs- und Vorstandsmitglied des Vereins »Orte der Geschichte«, seit 2014 Umsetzung digitaler Projekte für Museen, Vereine und Institutionen, zahlreiche Veröffentlichungen zu verschiedenen Themen der Zeitgeschichte, Herausgeber der beiden Buchreihen »Orte der Geschichte« und »Geschichts- und Erinnerungsorte«.
www.martin-kaule.de

Klaus Mebus

Jahrgang 1969, geboren in Weimar, aufgewachsen in Berlin, Diplom-Kaufmann und Diplom-Informatiker (FH), bis 2004 Offizier der Bundeswehr, seitdem an der Bauhaus-Universität Weimar, seit 2008 Fotodokumentation von Orten der Zeitgeschichte in ganz Europa und Unterstützung verschiedener Buchprojekte, seit 2014 Forschungen zum Thema Luftschutz in Thüringen, seit 2017 verschiedene öffentliche Vorträge zur Thematik, 2014–2022 Vorstandsmitglied des Vereins »Orte der Geschichte«.
www.instagram.com/klaus.mebus/